公路工程试验与检测

主　编　刘小明　马昆林
参　编　吴湘晖　曾习华　仰建岗

图书在版编目(CIP)数据

公路工程试验与检测/刘小明,马昆林主编.
—长沙:中南大学出版社,2015.7
ISBN 978-7-5487-1576-4

Ⅰ.公... Ⅱ.①刘...②马... Ⅲ.①道路试验②道路工程-检测
Ⅳ.①U467.1②U41

中国版本图书馆 CIP 数据核字(2015)第 164176 号

公路工程试验与检测

刘小明　马昆林　主编

□**责任编辑**　刘　辉
□**责任印制**　易红卫
□**出版发行**　中南大学出版社
社址:长沙市麓山南路　　邮编:410083
发行科电话:0731-88876770　　传真:0731-88710482
□**印　　装**　长沙印通印刷有限公司

□**开　　本**　787×1092　1/16　□**印张** 8.5　□ **字数** 209 千字
□**版　　次**　2015 年 7 月第 1 版　　□**印次**　2015 年 7 月第 1 次印刷
□**书　　号**　ISBN 978-7-5487-1576-4
□**定　　价**　20.00 元

图书出现印装问题,请与经销商调换

普通高校土木工程专业系列精品规划教材

编审委员会

总 序

土木工程是促进我国国民经济发展的重要支柱产业。近30年来，我国公路、铁路、城市轨道交通等基础设施以及城市建筑进入了高速发展阶段，以高速、重载和超高层为特征的建设工程的安全性、经济性和耐久性等高标准要求向传统的土木工程设计、施工技术提出了严峻挑战。面对新挑战，国内、外土木工程行业的设计、施工、养护技术人员和科研工作者在工程实践和科学研究工作中，不断提出创新理念，积极开展基础理论和技术创新，研发了大量的新技术、新材料和新设备，形成了成套设计、施工和养护的新规范和技术手册，并在工程实践中大范围应用。

土木工程行业日新月异的发展，对现代土木工程专业技术人才培养提出了迫切需求。教材建设和教学内容是人才培养的重要环节。为面向普通高校本科生全面、系统和深入阐述公路、铁路、城市轨道交通以及建筑结构等土木工程领域的基础理论和工程技术成果，由中南大学出版社、中南大学土木工程学院组织国内土木工程领域一批专家学者组成“普通高校土木工程专业系列精品规划教材”编审委员会，共同编写这套系列教材。通过多次研讨，确定了这套土木工程专业系列教材的编写原则：

1. 系统性

本系列教材以《土木工程指导性专业规范》为指导，教材内容满足城乡建筑、公路、铁路以及城市轨道交通等领域的建筑工程、桥梁工程、道路工程、铁道工程、隧道与地下工程和土木工程管理等方向的需求。

2. 先进性

本系列教材与21世纪土木工程专业人才培养模式的研究成果密切结合，既突出土木工程专业理论知识的传承，又尽可能全面反映土木工程领域的新理论、新技术和新方法，注重各门内容的充实与更新。

3. 实用性

本系列教材针对90后学生的知识与素质特点，以应用性人才培养为目标，注重理论知识与案例分析相结合，传统教学方式与基于现代信息技术的教学手段相结合，重点培养学生的工程实践能力，提高学生的创新素质。这套教材不仅是面向普通高校土木工程专业本科生的课程教材，还可作为其他层次学历教育和短期培训的教材和广大土木工程技术人员的专业参考书。

4. 严谨性

本系列教材的编写出版要求严格按国家相关规范和标准执行，认真把好编写人员遴选关、教材大纲评审关、教材内容主审关和教材编辑出版关，尽最大努力提高教材编写质量，力求出精品教材。

根据本套系列教材的编写原则，我们邀请了一批长期从事土木工程专业教学的一线教师负责本系列教材的编写工作。但是，由于我们的水平和经验有限，这套教材的编写肯定有不尽人意的地方，敬请读者朋友们不吝赐教。编委会将根据读者意见、土木工程发展趋势和教学手段的提升，对教材进行认真修订，以期保持这套教材的时代性和实用性。

最后，衷心感谢全套教材的参编同仁，由于他们的辛勤劳动，编撰工作才能顺利完成。真诚感谢中南大学校领导、中南大学出版社领导的大力支持和编辑们的辛勤工作，本套教材才能够如期与读者见面。

余志武

2014 年 7 月

前　言

按照21世纪土木工程专业人才培养方案和教学要求，工程建设越来越需要宽口径、厚基础的专业人才，而传统的土木工程施工课程的教学内容、方法和考核等都存在一些问题，因而作为专业必修课程的《公路工程试验与检测》急需编写新的课程教材，以配合新形势下的教育培养计划。

本书是在中南大学土木工程学院道路工程教研组多年教学经验的基础上组织编写的。主要内容包括集料试验与测试；水泥及混凝土试验；沥青及沥青混合料试验；公路工程现场试验。本书由中南大学刘小明、马昆林担任主编，中南大学吴湘晖、曾习华，华东交通大学仰建岗参与编写。各章节具体编写分工如下：吴湘晖(第1章)、刘小明(第2章、第7章)、曾习华(第3章)、马昆林(第4章、第5章)、仰建岗(第6章)。

本书由中南大学周建普教授主审，周教授能站在学科前沿对本教材进行严格的审阅，使编者们受益匪浅，再次表示衷心的感谢。

本书既可作为高等学校交通、土木工程专业的教学用书，也可供从事土木工程研究、生产的工程技术人员参考。由于编者水平有限，书中难免有不足之处，恳请读者和专家批评指正。

编　者

2015年6月于长沙

目　录

第1章

绪 论

1.1 试验检测的目的和任务

1.1.1 试验检测的目的和意义

试验工作是公路工程质量管理的一个重要组成部分，是工程质量科学管理的重要手段。客观、准确、及时的试验检测数据是公路工程实践的真实记录，是指导、控制和评定工程质量的科学依据。公路工程试验检测的目的和意义是：

(1)用定量的方法，对用于公路工程的各种原材料、成品或半成品，科学地鉴定其质量是否符合国家质量标准和设计文件的要求，对其做好接收或拒收的决定，保证用于工程的原材料都是合格产品，是控制施工质量的主要手段。

(2)对公路工程施工的全过程，进行质量控制和检测试验，保证施工过程中的每个部位、每道工序的工程质量，均满足有关标准和设计文件的要求，是提高工程质量、创优质工程的重要保证。

(3)通过各种试验试配，经济合理地选用原材料，为企业创造良好的经济效益打下坚实的基础。

(4)对于新材料、新技术、新工艺，通过试验检测和研究，鉴定其是否符合国家标准和设计要求，为完善设计理论和施工工艺积累实践资料，为推广和发展新材料、新技术、新工艺做贡献。

(5)试验检测是评价工程质量缺陷、鉴定和预防工程质量事故的手段。通过试验检测，为质量缺陷或事故判定提供实测数据，以便准确判定其性质、范围和程序，合理评价事故损失，明确责任，从中总结经验教训。

(6)分项工程、分部工程、单位工程完成后，均要对其进行适当的抽验，以便进行质量等级的评定。

(7)为工程竣工验收提供完整的试验检测证据，保证向业主交付合格工程。

(8)试验检测工作集试验检测基本理论、测试操作技能和公路工程相关学科的基础知识于一体，是工程设计参数、施工质量控制、工程验收评定、养护管理决策的主要依据。

1.1.2 试验检测工作的任务

(1)在选择料场和确定料源时，对未进场的原材料进行质量鉴定，根据原材料质量和经济合理的原则，选定料源。

(2)对运往施工现场的原材料，按有关规定的频率进行质量鉴定。

(3)对外单位供应的构件、制品，在查验其出厂质检资料后，做适量的抽检验证。

(4)做各种混合料的配合比试配，在确保工程质量的前提下，经济合理地选用配合比。

(5)负责施工过程中的施工质量控制。

(6)负责推广、研究、应用新材料、新技术、新工艺，并用试验数据论证其可靠性。

(7)负责试验样品的有效期保存，以备必要时复查。

(8)负责项目所有的试验资料的整理、报验、保管，以利于竣工资料的编制、归档。

(9)参加各级组织的质量检查，并提供相应的资料；参与工程质量事故的调查分析，配合做各种试验检测工作。

(10)对一些项目试验室无法检测的项目，负责联系、委托具有公路资质的试验检测机构进行检测试验。

(12)协助、配合监理工程师、业主和当地质量监督部门的抽检工作。

(13)做好分包工程的试验检测和质量管理工作。

1.1.3 施工过程中的质量控制与试验管理

施工过程中的试验管理是试验管理工作的重点，只有控制好施工过程中每个环节的质量，才能保证整个工程的质量。工程的最后质量，是过程质量的总体体现。施工过程的控制，是试验人员的重要职责。因此，试验人员应有强烈的职业责任感，敢于坚持原则，为保证工程质量尽心尽职。

1.2 公路工程试验与检测教学发展现状

公路工程试验与检测是道路与铁道工程专业方向的一门必修课程。中南大学的《公路工程试验与检测》课程伴随着我国公路交通行业的发展和学校道路与铁道工程专业(国家重点学科)的建设而不断发展。为了保证我国公路交通行业人才培养的质量，满足本专业人才培养的时代要求，我校作为原高等学校土建专业教学指导委员会主任委员单位、现道路运输与工程教学指导分委员会主任委员单位和21世纪交通版高等学校教材(道路与铁道工程)编审委员会主任委员单位，始终高度重视该课程教材的建设与改革。在保证学生掌握基本理论知识的同时，教学内容保持与行业科技发展的前沿趋势同步更新，依托我校在道路与铁道工程研究中的强大实力，以道路与铁道工程国家重点学科为支撑，不断将科研成果和成熟技术充实到课堂实践教学内容和课外实验中来，极大地丰富了教学内容，拓宽了学生视野。同时，伴随科技的发展和教学条件的改善，我校教师在对该课程授课时，采用多媒体课件及网络教学，从而在有限的教学时数内，更直观、生动、形象地介绍知识点。此外，作为一门实践课，培养学生的综合能力与创新能力一直以来都受到很高的重视，除了基本实验和现场实验外，课程还包括14个课时的综合实验、创新实验和数值实验等教学环节，并介绍当前公路工程试验与检测领域的新技术新方法，培养了学生的综合能力，增强了学生的工程特点。

经过多年的历史积淀，凝聚了我校几代人的心血和汗水，目前《公路工程试验与检测》课程已成为道路与铁道工程专业和交通工程等专业的重要必修课。该课程从最初单一的常规实验，到组织学生现场实验为补充，再到后来的配合比设计、创新实验、数值实验等实践教学环节的进一步完善，现在已形成完整的教学体系，常规实验与创新实验相得益彰，具有自身独特的风格和内涵，成为一门深受学生喜爱和社会反响良好的经典课程。

公路工程试验与检测主要包括公路工程材料的基本性能实验；公路工程现场实验以及矿料与混凝土配合比设计，按照21世纪土木工程专业人才培养方案和教学要求，工程建设愈来愈需要宽口径、厚基础的专业人才，而传统的土木工程施工课程的教学内容、方法和考核等都存在一些问题。作为专业必修课程的《公路工程试验与检测》急需编写新的课程教材，以配合21世纪人才教育培养计划。

第 2 章 公路工程质量检验评定方法与试验数据处理

2.1 公路工程质量检验评定方法

2.1.1 概述

为了加强公路工程质量管理，统一公路工程质量检验标准和评定标准，保证工程质量，交通部制定了《公路工程质量检验评定标准》(JTG F80/1—2012)。该标准适用于四级及四级以上公路新建、改建工程的质量检验评定，适用于公路工程施工单位、工程监理单位、建设单位、质量检测机构和质量监督部门对公路工程质量的管理、监控和检验评定。

根据建设任务、施工管理和质量检验评定的需要，应在施工准备阶段将建设项目，划分为单位工程、分部工程和分项工程。施工单位、工程监理单位和建设单位应按相同的工程项目划分进行工程质量的监控和管理。

(1)单位工程。

在建设项目中，根据签订的合同，具有独立施工条件的工程。

(2)分部工程。

在单位工程中，应按结构部位、路段长度及施工特点或施工任务划分为若干个分部工程。

(3)分项工程。

在分部工程中，应按不同的施工方法、材料、工序及路段长度等划分为若干个分项工程。

2.1.2 工程质量评分

工程质量检验评分以分项工程为单元，采用 100 分制进行。在分项工程评分的基础上，逐级计算各相应分部工程、单位工程、合同段和建设项目评分值。工程质量评定等级分为合格与不合格，应按分项、分部、单位工程、合同段和建设项目逐级评定。施工单位应对各分项工程按《公路工程质量检验评定标准》(JTG F80/1—2012)所列基本要求、实测项目和外观鉴定进行自检，按“分项工程质量检验评定表”及相关施工技术规范提交真实、完整的自检资料，对工程质量进行自我评定。工程监理单位应按规定要求对工程质量进行独立抽检，对施工单位检评资料进行签认，对工程质量进行评定。建设单位根据对工程质量的检查及平时掌握的情况，对工程监理单位所做的工程质量评分及等级进行审定。质量监督部门、质量检测机构可依据《公路工程质量检验评定标准》(JTG F80/1—2012)对公路工程质量进行检测评定。

表 2－1　一般建设项目的工程划分

单位工程	分部工程	分项工程
路基工程（每 10 km 或每标段）	路基土石方工程 *①（1 ~ 3 km 路段）②	土方路基 *，石方路基 *，软土地基 *，土工合成材料处治层 * 等
	排水工程（1 ~ 3 km 路段）	管节预制，管道基础及管节安装 *，检查（雨水）井砌筑 *，土沟，浆砌排水沟 *，盲沟，跌水，急流槽 *，水簸箕，捧水泵站等
	小桥及符合小桥标准的通道 *，人行天桥，渡槽（每座）	基础及下部构造 *，上部构造预制、安装或浇筑 *，桥面 *，栏杆，人行道等
	涵洞、通道（1 ~ 3 km 路段）	基础及下部构造 *，主要构件预制、安装或浇筑 *，填土，总体等
	砌筑防护工程（1 ~ 3 km 路段）	挡土墙 *，墙背填土，抗滑桩 *，锚喷防护 *，锥、护坡，导流工程，石笼防护等
	大型挡土墙 *，组合式挡土墙 *（每处）	基础 *，墙身 *，墙背填土，构件预制 *，构件安装 *，筋带，锚杆、拉杆，总体 * 等
路面工程（每 10 km 或每标段）	路面工程（1 ~ 3 km 路段）*	底基层，基层 *，面层 *，垫层，联结层，路缘石，人行道，路肩，路面边缘捧水系统等

①表内标注 * 号者为主要工程，评 5 时给以 2 的数值；不带 * 号者为一般工程权值为 1。

②按路长度划分的分部工程，高速公路、一级公路可取低值，二级及二级以下公路可取高值。

1. 分项工程的评分方法

分项工程质量检验内容包括基本要求、实测项目、外观鉴定和质量保证资料四个部分。只有在其使用的原材料、半成品、成品及施工工艺符合基本要求的规定，且无严重外观缺陷和质量保证资料真实并基本齐全时，才能对分项工程质量进行检验评定。涉及结构安全和使用功能的重要实测项目为关键项目，其合格率不得低于 90%（属于工厂加工制造的交通工程安全设施及桥梁金属构件不低于 95%，机电工程为 100%），且检测值不得超过规定极值，否则必须进行返工处理。实测项目的规定极值是指任一单个检测值都不能突破的极限值，不符合要求时该实测项目为不合格。

分项工程的评分值满分为 100 分，按实测项目采用加权平均法计算。存在外观缺陷或资料不全时，应予减分。

$$\text{分项工程得分} = \frac{\sum[\text{检查项目得分} \times \text{权值}]}{\sum \text{检查项目权值}}$$

分项工程评分 = 分项工程得分 − 外观缺陷扣分 − 资料不全扣分

（1）基本要求检查。

分项工程所列基本要求，对施工质量优劣具有关键作用，应按基本要求对工程进行认真检查。经检查不符合基本要求规定时，不得进行工程质量的检验和评定。

（2）实测项目计分。

对规定检查项目采用现场抽样方法，按照规定频率和下列计分方法对分项工程的施工质量直接进行检测计分。检查项目除按数理统计方法评定的项目以外，均应按单点（组）测定值是否符合标准要求进行评定，并按合格率计分。

(3)外观缺陷减分。

对工程外表状况应逐项进行全面检查，如发现外观缺陷，应进行减分。对于较严重的外观缺陷，施工单位须采取措施进行整修处理。

(4)资料不全减分。

分项工程的施工资料和图表残缺，缺乏最基本的数据，或有伪造涂改者，不予检验和评定。资料不全者应予减分，减分幅度可按《公路工程质量检验评定标准》(JTG F80—2004)所列各款逐款检查，视资料不全情况，每款减1~3分。

2. 分部工程和单位工程评分方法

表2-1所列分项工程和分部工程区分为一般工程和主要(主体)工程，分别给以1和2的权值。进行分部工程和单位工程评分时，采用加权平均值计算法确定相应的评分值。

$$\text{分部(单位)工程评分} = \frac{\sum[\text{分项(分部)工程评分} \times \text{相应权数}]}{\sum \text{分项(分部)工程权值}}$$

3. 建设项目工程质量评分方法

合同段和工程项目质量评分值按《公路工程竣(交)工验收办法》计算：

$$\text{合同段工程质量得分} = \frac{\sum[\text{单位工程得分} \times \text{单位工程投资额}]}{\sum \text{单位工程投资额}}$$

$$\text{合同段工程质量鉴定得分} = \text{合同段工程质量得分} - \text{内业扣分}$$

$$\text{建设项目工程质量评分值} = \frac{\sum[\text{合同段工程质量得分} \times \text{合同段工程投资额}]}{\sum \text{合同段工程投资额}}$$

4. 施工单位应提交的质量保证资料

质量保证资料包括以下六个方面：

(1)所用原材料、半成品和成品材料质量检验结果。

(2)材料配比、拌和加工控制检验和试验数据。

(3)地基处理和隐蔽工程施工记录。

(4)各项质量控制指标的试验记录和质量检验汇总图表。

(5)施工过程中遇到的非正常情况记录及其对工程质量影响分析。

(6)施工中如发生质量事故，经处理补救后，达到设计要求的认可证明文件等。

2.1.3 工程质量等级评定

(1)分项工程质量等级评定。

分项工程评分值不小于75分者为合格；小于75分者为不合格；机电工程、属于工厂加工制造的桥梁金属构件不小于90分者为合格，小于90分者为不合格。评定为不合格的分项工程，经加固、补强或返工、调测，满足设计要求后，可以重新评定其质量等级，但计算分部工程评分值时按其复评分值的90%计算。

(2)分部工程质量等级评定。

所属各分项工程全部合格，则该分部工程评为合格；所属任一分项工程不合格，则该分部工程为不合格。

(3)单位工程质量等级评定。

所属各分部工程全部合格，则该单位工程评为合格；所属任一分部工程不合格，则该单位工程为不合格。

(4)合同段和建设项目质量等级评定。

合同段和建设项目所含单位工程全部合格，其工程质量等级为合格：所属任一单位工程不合格，则合同段和建设项目为不合格。

2.2　路基路面工程质量检查项目

2.2.1　路基一般规定

(1)土方路基和石方路基的实测项目技术指标的规定值或允许偏差按高速公路和一级公路、其他公路(指二级及以下公路)两档设定，其中土方路基压实度按高速公路和一级公路、二级公路、三、四级公路三档设定。

(2)规定实测项目的检查频率，如果检查路段以延米计时，则为双车道公路每一检查段内的最低检查频率：多车道公路必须按车道数与双车道之比，相应增加检查数量。

(3)路基压实度须分层检测，并符合《公路工程质量检验评定标准》(JTG 180/1—2004)中附录 B 规定。路基其他检查项目均在路基项面进行检查测定。

(4)路肩工程可作为路面工程的一个分项工程进行检查评定。

(5)服务区停车场、收费广场的土方工程压实标准可按土方路基要求进行监控。

2.2.2　土方路基

(1)基本要求。

①在路基用地和取土坑范围内，应清除地表植被、杂物、积水、淤泥和表土，处理坑塘，并按规范和设计要求对基底进行压实。

②路基填料应符合规范和设计的规定，经认真调查、试验后合理选用。

③填方路基须分层填筑压实，每层表面平整，路拱合适，排水良好。

④施工临时排水系统应与设计排水系统结合，避免冲刷边坡，勿使路基附近积水。

⑤在设定取土区内合理取土，不得滥开滥挖。完工后应按要求对取土坑和弃土场进行修整，保持合理的几何外形。

(2)实测项目。

表 2－2 土方路基实测项目

项次	检查项目			规定值或允许偏差			检查方法和频率	权值
				高速公路一级公路	其他公路			
					二级公路	三、四级公路		
1	压实度(%)	零填及挖方(m)	0～0.30	—	—	94	按有关方法检查密度法：每 200 m 每压实层测 4 处	3
			0～0.80	≥96	≥95	—		
		填方(m)	0～0.80	≥96	≥95	≥94		
			0.80～1.50	≥94	≥94	≥93		
			>1.50	≥93	≥92	≥90		
2	弯沉(0.01mm)			不大于设计要求值			按标准检查	3
3	纵断高程(mm)			+10，－15	+10，－20		水准仪：每 200 m 测 4 断面	2
4	中线偏位(mm)			50	100		经纬仪：每 200 m 测 4 点，弯道加 HY、YH 两点	2
5	宽度(mm)			不小于设计			米尺：每 200 m 测 4 处	2
6	平整度(mm)			15	20		3m 直尺：每 200 m 测 2 处×10 尺	2
7	横坡(%)			±0.3	±0.5		水准仪：每 200 m 测 4 个断面	1
8	边坡			不陡于设计值			尺量：每 200 m 测 4 处	1

注：①表列压实度以重型击实试验法为准，评定路段内的压实度平均值下置信界限不得小于规定标准，单个测定值不得小于极值(表列规定值减 5 个百分点)。小于表列规定值 2 个百分点的测点，按其数量占总检查点的百分率计算减分值。

②采用核子仪检验压实度时应进行标定试验，确认其可靠性。

③特殊干旱、特殊潮湿地区或过湿土路基，可按交通部颁发的路基设计、施工规范所规定的压实度标准进行评定。

④三级公路修筑沥青混凝土或水泥混凝土路面时，其路基压实度应采用二级公路标准。

(3)外观鉴定。

①路基表面平整，边线直顺，曲线圆滑。不符合要求时，单向累计长度每 50 m 减 1～2 分。

②路基边坡坡面平顺，稳定，不得亏坡，曲线圆滑。不符合要求时，单向累计长度每 50 m减 1～2 分。

③取土坑、弃土堆、护坡道飞碎落台的位置适当，外形整齐、美观，防止水土流失。不符合要求时，每处减 1～2 分。

2.2.3　石方路基

（1）基本要求。

①石方路堑的开挖宜采用光面爆破法。爆破后应及时清理险石、松石，确保边坡安全、稳定。

②修筑填石路堤时应进行地表清理，逐层水平填筑石块，摆放平稳，码砌边部。填筑层厚度及石块尺寸应符合设计和施工规范规定，填石空隙用石碴、石屑嵌压稳定。上、下路床填料和石料最大尺寸应符合规范规定。采用振动压路机分层碾压，压至填筑层顶面石块稳定，18 t以上压路机振压两遍无明显标高差异。

③路基表面应整修平整。

（2）实测项目。

表2-3　石方路基实测项目

项次	检查项目	规定值或允许偏差		检查方法和频率	权值
		高速公路和一级公路	其他公路		
1	压实	层厚和碾压遍数符合要求		查施工记录	3
2	纵断高程（mm）	+10，-20	+10，-30	水准仪：每200 m测4断面	2
3	中线偏位（mm）	50	100	经纬仪：每200 m测4点，弯道加HY、YH两点	2
4	宽度（mm）	不小于设计		米尺：每200 m测4处	2
5	平整度（mm）	20	30	3m直尺：每200 m测2处×10尺	2
6	横坡（%）	±0.3	±0.5	水准仪：每200 m测4断面	1
7	边坡　坡度	不陡于设计值		每200 m抽查4处	1
8	边坡　平顺度	符合设计要求			

注：土石混填路基压实度或固体体积率可根据实际可能进行检验，其他检测项目与石方路基相同。

（3）外观鉴定。

①上边坡不得有松石。不符合要求时，每处减1~2分。

②路基边线直顺，曲线圆滑。不符合要求时，单向累计长度每50 m减1~2分。

2.2.4　土工合成材料

（1）基本要求。

①土工合成材料质量应符合设计要求，无老化，外观无破损，无污染。

②土工合成材料应紧贴下承层，按设计和施工要求铺设、张拉、固定。

③土工合成材料的接缝搭接、黏结强度和长度应符合设计要求，上、下层土工合成材料搭接缝应交替错开。

（2）实测项目。

表 2－4 加筋工程土工合成材料实测项目

项次	检查项目	规定值或允许偏差	检查方法和频率	权值
1	下承层平整度、拱度	符合设计施工要求	每 200 m 检查 4 处	1
2	搭接宽度(mm)	+50，0	抽查 2%	2
3	搭接缝错开距离(mm)	符合设计施工要求	抽查 2%	2
4	锚固长度(mm)	符合设计施工要求	抽查 2%	3

表 2－5 隔离工程土工合成材料实测项目

项次	检查项目	规定值或允许偏差	检查方法和频率	权值
1	下承层平整度、拱度	符合设计施工要求	每 200m 检查 4 处	1
2	搭接宽度(mm)	+50，0	抽查 2%	2
3	搭接缝错开距离(mm)	符合设计施工要求	抽查 2%	2
4	搭接处透水点	不多于 1 个点	每缝	3

表 2－6 过滤排水工程土工合成材料实测项目

项次	检查项目	规定值或允许偏差	检查方法和频率	权值
1	下承层平整度、拱度	符合设计施工要求	每 200 m 检查 4 处	1
2	搭接宽度(mm)	+50，0	抽查 2%	3
3	搭接缝错开距离(mm)	符合设计施工要求	抽查 2%	3

表 2－7 防裂工程土工合成材料实测项目

项次	检查项目	规定值或允许偏差	检查方法和频率	权值
1	下承层平整度、拱度	符合设计施工要求	每 200 m 检查 4 处	1
2	搭接宽度(mm)	≥50(横向) ≥150(纵向)	抽查 2%	3
3	黏结力(N)	≥20	抽查 2%	3

(3)外观鉴定。

①土工合成材料重叠、皱褶不平顺，每处减 1～2 分。

②土工合成材料固定处松动，每处减 1～2 分。

2.2.5 路面工程一般规定

①路面工程的实测项目规定值或允许偏差按高速公路和一级公路、其他公路(指二级及以下公路)两档设定。对于在设计和合同文件中提高了技术要求的二级公路，其工程质量检验评定按设计和合同文件的要求进行，但不应高于高速公路和一级公路的检验评定标准。

②路面工程实测项目规定的检查频率为双车道公路每一检查段内的检查频率(按 m^2 或

m^3 或工作班设定的检查频率除外)，多车道公路的路面各结构层均须按其车道数与双车道之比，相应增加检查数量。

③各类基层和底基层压实度代表值(平均值的下置信界限)不得小于规定代表值，单点不得小于规定极值。小于规定代表值 2 个百分点的测点，应按其占总检查点数的百分率计算合格率。

④垫层的质量要求同相同材料的其他公路的底基层；联结层的质量要求同相应的基层或面层；中级路面的质量要求同相同材料的其他公路的基层。

⑤路面表层平整度规定值是指交工验收时应达到的平整度要求，其检查测定以自动或半自动的平整度仪为主，全线每车道连续测定按每 100 m 输出结果计算合格率。采用 3 m 直尺测定路面各结构层平整度时，以最大间隙作为指标，按尺数计算合格率。

⑥路面表层渗水系数宜在路面成型后立即测定。

⑦路面各结构层厚度按代表值和单点合格值设定允许偏差。当代表值偏差超过规定值时，该分项工程评为不合格；当代表值偏差满足要求时，按单个检查值的偏差不超过单点合格值的测点数计算合格率。

⑧材料要求和配比控制列入各节基本要求，可通过检查施工单位、工程监理单位的资料进行评定。

⑨水泥混凝土上加铺沥青面层的复合式路面，两种结构均需进行检查评定。其中，水泥混凝土路面结构不检查抗滑构造，平整度可按相应等级公路的标准；沥青面层不检查弯沉。

⑩路面基层完工后应及时浇洒透层油或铺筑下封层，透层油透入深度不小于 5 mm，不得使用透入能力差的材料作透层油。对封层、透层、黏层油的浇洒要求同 7.5.1 沥青表面处治层中基本规定。

2.2.6　水泥混凝土路面层

(1)基本要求。

①基层质量必须符合规定要求，并应进行弯沉测定，验算的基层整体模量应满足设计要求。

②水泥强度、物理性能和化学成分应符合国家标准及有关规范的规定。

③粗细集料、水、外掺剂及接缝填缝料应符合设计和施工规范要求。

④施工配合比应根据现场测定水泥的实际强度进行计算，并经试验，选择采用最佳配合比。

⑤接缝的位置、规格、尺寸及传力杆、拉力杆的设置应符合设计要求。

⑥路面拉毛或机具压槽等抗滑措施，其构造深度应符合施工规范要求。

⑦面层与其他构造物相接应平顺，检查井盖顶面高程应高于周边路面 1 ~ 3 mm。雨水口标高按设计比路面低 5 ~ 8 mm，路面边缘无积水现象。

⑧混凝土路面铺筑后按施工规范要求养生。

(2)实测项目。

表 2-8　水泥混凝土面层实测项目

<table>
<tr><th rowspan="2">项次</th><th rowspan="2" colspan="2">检查项目</th><th colspan="2">规定值或允许偏差</th><th rowspan="2">检查方法和频率</th><th rowspan="2">权值</th></tr>
<tr><th>高速公路
一级公路</th><th>其他公路</th></tr>
<tr><td>1</td><td colspan="2">弯拉强度(MPa)</td><td colspan="2">在合格标准之内</td><td>按有关方法检查</td><td>3</td></tr>
<tr><td rowspan="2">2</td><td rowspan="2">板厚度(mm)</td><td>代表值</td><td colspan="2">-5</td><td rowspan="2">按有关方法检查：每 200 m 每车道 2 处</td><td>3</td></tr>
<tr><td>合格值</td><td colspan="2">-10</td><td></td></tr>
<tr><td rowspan="3">3</td><td rowspan="3">平整度</td><td>σ(mm)</td><td>1.2</td><td>2.0</td><td rowspan="2">平整度仪；全线每车道连续检测，每 100m 计算 σ、IRI</td><td rowspan="3">2</td></tr>
<tr><td>IRI(m/km)</td><td>2.0</td><td>3.2</td></tr>
<tr><td>最大间隙 h(mm)</td><td>—</td><td>5</td><td>3 m 直尺：半幅车道板带每 200 m 测 2 处×10 尺</td></tr>
<tr><td>4</td><td colspan="2">抗滑构造深度(mm)</td><td>一般路段不小于 0.7 且不大于 1.1；特殊路段不小于 0.8 且不大于 1.2</td><td>一般路段不小于 0.5 且不大于 1.0；特殊路段不小于 0.6 且不大于 1.1</td><td>铺砂法：每 200 m 测 1 处</td><td>2</td></tr>
<tr><td>5</td><td colspan="2">相邻板高差(mm)</td><td>2</td><td>3</td><td>抽量：每条胀缝 2 点；每 200 m 抽纵、横缝各 2 条，每条 2 点</td><td>2</td></tr>
<tr><td>6</td><td colspan="2">纵、横缝顺直度(mm)</td><td colspan="2">10</td><td>纵缝 20 m 拉线，每 200 m 4 处；横缝沿板宽拉线，每 200 m 4 条</td><td>1</td></tr>
<tr><td>7</td><td colspan="2">中线平面偏位(mm)</td><td colspan="2">20</td><td>经纬仪：每 200 m 测 4 点</td><td>1</td></tr>
<tr><td>8</td><td colspan="2">路面宽度(mm)</td><td>±20</td><td></td><td>抽量：每 200 m 测 4 处</td><td>1</td></tr>
<tr><td>9</td><td colspan="2">纵断高程(mm)</td><td>±10</td><td>±15</td><td>水准仪：每 200 m 测 4 断面</td><td>1</td></tr>
<tr><td>10</td><td colspan="2">横坡(%)</td><td>±0.15</td><td>±0.25</td><td>水准仪：每 200 m 测 4 断面</td><td>1</td></tr>
</table>

注：表中 σ 为平整度仪测定的标准差；IRI 为国际平整度指数；h 为 3 m 直尺与面层的最大间隙。

(3)外观鉴定。

①混凝土板的断裂块数，高速公路和一级公路不得超过评定路段混凝土板总块数的 0.2%，其他公路不得超过 0.4%。不符合要求时每超过 0.1% 减 2 分。对于断裂板应采取适当措施予以处理。

②混凝土板表面的脱皮、印痕、裂纹和缺边掉角等病害现象，对于高速公路和一级公路，有上述缺陷的面积不得超过受检面积的 0.2%，其他公路不得超过 0.3%。不符合要求时每超过 0.1% 减 2 分。对于连续配筋的混凝土路面和钢筋混凝土路面，因干缩、温缩产生的裂缝，可不减分。

③路面侧石直顺、曲线圆滑，越位 20 mm 以上者，每处减 1~2 分。

④接缝填筑饱满密实，不污染路面。不符合要求时，累计长度每 100 m 减 2 分。

⑤胀缝有明显缺陷时，每条减 1~2 分。

2.2.7　沥青混凝土路面层和沥青碎(砾)石面层

(1)基本要求。

①沥青混合料的矿料质量及矿料级配应符合设计要求和施工规范的规定。

②严格控制各种矿料和沥青用量及各种材料和沥青混合料的加热温度，沥青材料及混合料的各项指标应符合设计和施工规范要求。沥青混合料的生产，每日应做抽提试验、马歇尔稳定度试验。矿料级配、沥青含量、马歇尔稳定度等结果的合格率应不小于 90%。

③拌和后的沥青混合料应均匀一致，无花白，无粗细料分离和结团成块现象。

④基层必须碾压密实，表面干燥、清洁、无浮土，其平整度和路拱度应符合要求。

⑤摊铺时应严格控制摊铺厚度和平整度，避免离析，注意控制摊铺和碾压温度，碾压至要求的密实度。

(2)实测项目。

表 2－9　沥青混凝土面层和沥青碎(砾)石面层实测项目

项次	检查项目		规定值或允许偏差		检查方法和频率	权值
			高速公路、一级公路	其他公路		
1	压实度(%)		试验室标准密度的96%(＊98%)； 最大理论密度的92%(＊94%)； 试验段密度的98%(＊99%)		按有关方法检查，每 200 m 测 1 处	3
2	平整度	σ(mm)	1.2	2.5	平整度仪：全线每车道连续按每 100 m 计算 *IRI* 或 σ	2
		IRI(m/km)	2.0	4.2		
		最大间隙 *h*(mm)	—	5	3 m 直尺：每 200 m 测 2 处 × 10 尺	
3	弯沉值(0.01 mm)		符合设计要求		按有关方法检查	2
4	渗水系数		SMA 路面 200 mL/min； 其他沥青混凝土路面 300 mL/min	—	渗水试验仪：每 200 m 测 1 处	2
5	抗滑	摩擦系数	符合设计要求	—	摆式仪：每 200 m 测 1 处；摩擦系数测定车：全线连续	2
		构造深度			铺砂法：每 200 m 测 1 处	
6	厚度(mm)	代表值	总厚度：设计值的 −8% 上面层：设计值的 −10%	−8%*H*	按有关方法检查，双车道每 200 m 测 1 处	3
		合格值	总厚度：设计值的 −10% 上面层：设计值的 −20%	−15%*H*		
7	中线平面偏位(mm)		20	30	经纬仪：每 200 m 测 4 点	1
8	纵断高程(mm)		±10	±15	水准仪：每 200 m 测 4 断面	1

续表 2－9

项次	检查项目		规定值或允许偏差		检查方法和频率	权值
			高速公路、一级公路	其他公路		
9	宽度(mm)	有侧石	±20	±30	尺量：每 200 m 测 4 断面	1
		无侧石	不小于设计			
10	横坡(%)		±0.3	±0.5	水准仪：每 200 m 测 4 处	1

注：①表内压实度可选用其中的 1 个或 2 个标准，并以合格率低的作为评定结果。带＊号者是指 SMA 路面，其他为普通沥青混凝土路面。

②表列厚度仅规定负允许偏差。其他公路的厚度代表值和极值允许偏差按总厚度计，当总厚度≤60 mm 时，允许偏差分别为 －5 mm 和 －10 mm；总厚度 ＞60 mm 时，允许偏差分别为 －8% 和 －15% 的总厚度。H 为总厚度(mm)。

(3)外观鉴定。

①表面应平整密实，不应有泛油、松散、裂缝和明显离析等现象，对于高速公路和一级公路，有上述缺陷的面积(凡属单条的裂缝，则按其实际长度乘以 0.2 m 宽度，折算成面积)之和不得超过受检面积的 0.03%，其他公路不得超过 0.05%。不符合要求时每超过 0.03% 或 0.05% 减 2 分。半刚性基层的反射裂缝可不计作施工缺陷，但应及时进行灌缝处理。

②搭接处应紧密、平顺，烫缝不应枯焦。不符合要求时，累计每 10 m 长减 1 分。

③面层与路缘石及其他构筑物应密贴接顺，不得有积水或漏水现象。不符合要求时，每一处减 1～2 分。

2.3 公路工程现场随机取样和评定方法

2.3.1 取样方法

为了公正合理地反映工程质量状况，取样的位置不应带有任何倾向性，应根据随机数表来确定现场取样的具体位置。详见《公路路基路面现场测试规程》JTG E60—2008 中《路基路面 测试方法》(T 0901—2008)，该方法适用于路面取芯机或路面切割机在现场钻取或切割路面的代表性试样，对水泥混凝土面层、沥青混合料面层或水泥、石灰、粉煤灰等无机结合料稳定基层取样，以测定其密度或物理力学性质。钻孔采取芯样的直径宜不小于最大集料粒径的 3 倍。

2.3.2 仪具与材料

需要下列仪具与材料：

(1)路面取芯钻机：牵引式或车载式，钻机由发动机或电力马达驱动。钻头直径根据需要决定，选用 ϕ100 mm 或 ϕ150 mm 的金刚石钻头，均有淋水冷却装置。

(2)台秤。

(3)盛样器(袋)或铁盘等。

(4)干冰(固体 CO_2)。

(5)试样标签。

(6)其他：镐、铁锹、量尺(绳)、毛刷、硬纸、棉纱等。

2.3.3　方法与步骤

(1)准备工作。

①确定路段。可以是一个作业段、一天完成的路段，或按规定选取一定长度的检查路段。

②按《公路路基路面现场测试规程》JTG E60—2008 路基路面随机取样选点的方法确定取样的位置。

③取样位置清扫干净。

(2)取样步骤。

①选取采样地点的路面上，先用粉笔对钻孔位置做出标记，路面的大致面积根据目的和需要确定。

②钻机牢固安放在取样地点，垂直对准路面放下钻头。

③开放冷却水，启动马达，徐徐压下钻头，但不得使劲下压钻头。待钻透全厚后，上抬钻杆，拔出钻头，停止转动，不使芯样损坏，取出芯样。沥青混合料芯样及水泥混凝土芯样可用清水清洗干净备用。

④取得的试件应保持完整，颗粒不得散失。

⑤采取的路面混合料试样应整层取样，试样不得破碎。

⑥将钻取的芯样试块妥善盛放于盛样器中，必要时用塑料袋封装。

⑦填写样品标签，一式两份，一份粘贴在试样上，另一份作为记录备查。

⑧对取样的钻孔或被切割的路面坑洞，应采用同类型材料填补压实，但取样时留下的水分应用棉纱等吸走，待干燥后再补坑。

2.3.4　测定区间或断面决定方法

(1)路段确定，根据路面施工或验收、质量评定方法等有关规范决定需检测的路段。它可以是一个作业段、一天完成的路段或路线全程，在路基路面工程检查验收时，通常以 1 km 为一个检测路段，此时，检测路段的确定也按本方法的步骤进行。

(2)将确定的测试路段划分为一定长度的区间或按桩号间距(一般为 20 m)划分若干个断面，将其编号为第 n 个区间或第 n 个断面，其总的区间数或断面数为 T。

(3)从布袋中随机摸出一块硬纸片，硬纸片上的号数即随机数表中的栏号，从 1 ~ 28 栏中选出该栏号的一栏。

(4)按照测定区间数、断面数的频度要求(总的取样数 n，当 $n>30$ 时应分次进行)，依次找出与 A 列中 01，02，…，n 对应的 B 列中的值，共 n 对对应的 A、B 值。

(5)将 n 个 B 值与总的区间数或断面数 T 相乘，四舍五入成整数，即得到 n 个断面的编号，与 A 样的 1，2，…，n 对应。

例如：按照有关规范规定，拟从 K000 + 000 - K1 + 000 的 1 km 检测路段中选择 20 个断面测定路面宽度、高程、横坡等外形尺寸，断面决定方法如下：

1 km 总长的断面数 $T=1000/20=50$ 个，编号 1，2，…，50。

从布袋中摸出一块硬纸片，其编号为 14，即使用表 2－10 的第 14 栏。

从第 14 栏 A 列中挑出小于 20 所对应的 B 列数值，将 B 与 T 相乘，四舍五入得到 20 个编号，并得到 20 个断面后桩号，如表 2－10 所列。

表 2－10 路面宽度、高程、横坡检测断面随机取样计算表

断面编号	14 栏 A 列	B 列	B × T	断面号	桩号	断面编号	14 栏 A 列	B 列	B × T	断面号	桩号
1	17	0.089	4.45	4	K000 + 080	11	16	0.527	26.35	26	K000 + 520
2	10	0.149	7.45	7	K000 + 140	12	05	0.797	39.85	40	K000 + 800
3	13	0.244	12.2	12	K000 + 240	13	15	0.801	40.05	40	K000 + 820
4	08	0.264	13.2	13	K000 + 260	14	12	0.836	41.8	42	K000 + 840
5	18	0.285	14.25	14	K000 + 280	15	04	0.854	42.7	43	K000 + 860
6	06	0.340	17.05	17	K000 + 340	16	11	0.884	44.2	44	K000 + 880
7	06	0.359	17.95	18	K000 + 360	17	19	0.886	44.3	44	K000 + 900
8	20	0.387	19.35	19	K000 + 380	18	07	0.929	46.45	46	K000 + 920
9	14	0.392	19.60	20	K000 + 400	19	09	0.932	46.6	47	K000 + 940
10	03	0.408	20.40	20	K000 + 420	20	01	0.970	48.5	49	K000 + 980

（2）测点位置确定方法。

①从布袋中任意取出一块硬纸片，纸片上的号数即为随机数表中的栏号，从 1～28 栏中选出该栏号的一栏。

②按照测点数的频度要求（总的取样为 n）依次找出栏号的取样位置数，每个栏号均有 A、B、C 三列。根据检验数量 n（当 n 大于 30 时应分次进行），在所定栏号的 A 列找出等于所需取样位置数的全部数，如 01，02，…，n。

③确定取样位置的纵向距离，找出与 A 列中相对应的 B 列中的数值，以此数乘以检测区间的总长度，并加上该段的起点桩号，即得出取样位置距该段起点的距离或桩号。

④确定取样位置的横向距离，找出与 A 列中相对应的 C 列中的数值，以此数乘以检查路面的宽度，再减去宽度的一半，即得取样位置离路面中心线的距离。如差值是正值（＋），表示在中心线的右侧；如差值是负值（－），表示在中心线的左侧。

例如：按照有关规范规定，检查验收时拟在 K000＋000－K1＋000 的 1 km 检测路段中选择 6 个测点进行钻孔取样检验压实度、沥青用量和矿料级配等，钻孔位置决定方法如下：

①选定的随机数栏为栏号 3。

②栏号从上至下的数为：01、06、03、02、04 及 05。

③表 2－11 的 B 列中与这 6 个数相应的 6 个小数为 0.175、0.310、0.494、0.699、0.838 及 0.977。

④取样路段长度 1000 m，计算得出 6 个乘积（取样位置与该段起点的距离）分别为 175 m、310 m、494 m、699 m、838 m、977 m。

⑤表 1.0.3－1C 列中与 B 列数值相应的数为 0.641、0.063、0.929、0.073、0.166

及0.494。

⑥路面宽度为10 mm，计算得6个乘积分别是6.41、0.63、9.29、0.73、1.66及4.94 m。因此，6个取样的横向位置分别是右1.41 m、左4.37 m、右4.29 m、左4.27 m、左3.34 m及左0.06 m。上述计算结果可采用表2-11的方式表示。

表2-11　钻孔位置随机取样选点计算表

栏号3		取样路段长1000 m			路面宽度10 m		测点数6个
测点编号	A列	B列	距起点距离(m)	桩号	C列	距路边缘距离(m)	距中线位置(m)
NO.1	01	0.175	175	K000+175	0.641	6.41	右1.41
NO.2	06	0.310	310	K000+310	0.063	0.63	左4.37
NO.3	03	0.494	494	K000+494	0.929	9.29	右4.29
NO.4	02	0.699	699	K000+699	0.073	0.73	左4.27
NO.5	04	0.838	838	K000+838	0.166	1.66	左3.34
NO.6	05	0.977	977	K000+977	0.494	4.94	左0.06

2.3.5　抽样检验的评定方法

根据《公路工程质量检验评定标准》(JTG F80/1—2012)，公路工程质量评定采用合格率与评分的方法，也就是根据检测值是否符合质量标准进行评定，按合格率计分。

对于路基路面压实度、弯沉值、路面结构层厚度、半刚性基层材料强度，水泥混凝土抗折强度等检验项目，应采用数理统计的方法进行计分。具体请参看《公路工程质量检验评定标准》(JTG F80/1—2012)附录B，C，D，E，F，G，H，I。

思考与练习

沥青混凝土路面竣工验收主要由哪些项目组成？

第3章 公路工程沥青及沥青混合料试验与检测技术

3.1 沥青性能试验

3.1.1 沥青针入度试验

1. 试验目的

(1)沥青针入度指数 PI 用以描述沥青的温度敏感性。当量软化点 T_{800} 用以评价沥青的高温稳定性，当量脆点 $T_{1.2}$ 用以评价沥青的低温抗裂性能。

(2)测定沥青针入度，评定沥青黏滞性，确定沥青标号，并作为控制施工质量的依据。

(3)本方法适用于测定道路石油沥青、改性沥青及液体石油沥青蒸馏或乳化沥青蒸发后残留物的针入度。

2. 仪器设备

针入度仪、标准针、盛样皿(根据针入度不同选择大或小盛样皿)、恒温水槽、平底玻璃皿、温度计、秒表、溶剂(三氯乙烯)、电炉或砂浴、石棉网等。

3. 试验步骤

(1)准备工作。

①按规定的方法将试样脱水、过筛(0.6 mm)。

②按试验要求将恒温水槽调节到要求的试验温度，保持稳定。

③将准备好的沥青试样注入盛样皿中，试样高度应超过预计针入度值10 mm，并盖上盛样皿。

④盛有试样的盛样皿在15～30℃室温中冷却不少于1.5 h(小盛样皿)、2 h(大盛样皿)或3 h(特殊盛样皿)后移入保持试验温度±0.1℃的恒温水槽中，并应保温不少于1.5 h(小盛样皿)、2 h(大盛样皿)或2.5 h(特殊盛样皿)。

(2)从恒温水槽中取出达到试验温度恒温的盛样皿，并移入水温控制在试验温度±0.1℃(可用恒温水槽中的水)的平底玻璃皿中的三脚支架上。试样表面以上的水温溶度不小于10 mm。

(3)将盛有试样的平底玻璃皿置于针入度仪的平台上。慢慢放下针连杆，用适当位置的反光镜或灯光反射观察，使针尖恰好与试样表面接触。拉下刻度盘的拉杆，使与针连杆顶端轻轻接触，调节刻度盘或深度指示器的指针指示为零。

(4)开动秒表，在指针正指5 s的瞬间，用手紧压按钮，使标准针自动下落贯入试样，经规定时间，松开手指，停压按钮使针停止移动。

(5)拉下刻度盘拉杆与针连杆顶端接触，读取刻度盘指针或位移指示器的读数，准确至0.1 mm。

(6)同一试样平行试验至少 3 次，各测试点之间及与盛样皿边缘的距离不应少于 10 mm。每次试验后应将盛有盛样皿的平底玻璃皿放入恒温水槽，使平底玻璃皿中水温保持试验温度。

4. 结果整理

同一试样 3 次平行试验结果的最大值和最小值之差在表中规定偏差范围内时，计算 3 次试验结果的平均值取整作为针入度试验结果，以 0.1 mm 为单位。

表 3-1　针入度平行试验允许偏差值表

针入度(0.1 mm)	0 ~ 49	50 ~ 149	150 ~ 249	250 ~ 500
允许偏差值(0.1 mm)	2	4	12	20

5. 注意事项

(1)每测一次应换一根干净标准针或取下标准针用蘸有三氯乙烯溶剂的棉花或布擦净，再用干棉花或布擦干，再进行第二次试验。

(2)测定针入度大于 200 的沥青试样时，至少用 3 支标准针，每次试验后将针留在试样中，直至 3 次平行试验完成后，才能将标准针取出。

(3)对取来的沥青试样不得直接采用电炉或煤气炉明火加热。不得已采用电炉或煤气炉加热脱水时，必须垫放石棉网，时间不超过 30 min。

(4)在沥青灌模过程中如温度下降可放入烘箱中适当加热，试样冷却后反复加热的次数不得超过 2 次，以防沥青老化影响试验结果。在沥青灌模时不得反复搅动沥青，应避免混进气泡。

(5)灌模剩余的沥青应立即清洗干净，不得重复使用。

3.1.2　沥青延度试验

1. 试验目的

(1)沥青延度是反映沥青塑性的重要指标，也是划分中、轻交通道路沥青同标号甲、乙的依据。

(2)本方法适用于测定道路石油沥青、液体沥青蒸馏或乳化沥青蒸发残留物的延度。

2. 仪器设备

延度仪、“∞”字试模、玻璃板、恒温水槽、温度计(0 ~ 50℃)、隔离剂(甘油与滑石粉质量比 2∶1)、砂浴或其他加热炉具、平刮刀、石棉网、酒精、食盐、棉纱等。

3. 试验步骤

(1)准备工作。

①按规定的方法将试样脱水、过筛(0.6 mm)。

②将隔离剂拌和均匀，涂于清洁干燥的玻璃板和两个侧模的内侧表面，并将试模在玻璃板上装好。

③将准备好的沥青试样仔细地自试模的一端至另一端往返数次缓缓注入模中，最后略高出试模，灌模时应注意勿使气泡混入。

④试件在室温中冷却 30 ~ 40 min，然后置于规定试验温度 ±0.1℃的恒温水槽中，保持 30 min 后取出，用热刮刀刮除高出试模的沥青，使沥青面与试模面齐平。沥青的刮法应自试模的中间刮向两端，且表面应刮得平滑。将试模连同底板再浸入规定试验温度的水槽中保温 1.5 h。

⑤检查延度仪延伸速度是否符合规定要求，然后移动滑板使其指针正对标尺的零点。将延度仪注水，并保温达试验温度 ±0.1℃。

(2)将保温后的试件连同底板移入延度仪的水槽中，然后将盛有试样的试模自玻璃板上取下，将试模两端的孔分别套在滑板及槽端固定板的金属柱上，并取下侧模。水面距试件表面应不小于 25 mm。

(3)开动延度仪，并注意观察试样的延伸情况。此时应注意，在试验过程中，水温应始终保持在试验温度规定范围内，当水槽采用循环水时，应暂时中断循环，停止水流。

(4)试件拉断时，读取指针所指标尺上的读数，以 cm 表示，在正常情况下，试件延伸时应成锥尖状，拉断时实际断面接近于零。如不能得到这种结果，则应在报告中注明。

4. 结果整理

(1)同一试样，每次平行试验不少于 3 个，如 3 个测定结果均大于 100 cm，试验结果记作“>100 cm”；特殊需要也可分别记录实测值。如 3 个测定结果中，有一个以上的测定值小于 100 cm 时，若最大值或最小值与平均值之差满足重复性试验精密度要求，则取 3 个测定结果的平均值的整数作为延度试验结果，若平均值大于 100 cm，记作“>100 cm”；若最大值或最小值与平均值之差不符合重复性试验精密度要求时，试验应重新进行。

(2)精密度或允许差：当试验结果小于 100 cm 时，重复性试验的允许差为平均值的 20%；复现性试验的允许差为平均值的 30%。

5. 注意事项

(1)涂隔离剂时一定不能涂于端模内侧。

(2)试验过程中，仪器不得有振动，水面不得有晃动。

(3)在试验中，如发现沥青细丝浮于水面或沉入槽底时，则应在水中加入酒精或食盐，调整水的密度至与试样相近后，重新试验。

3.1.3 沥青软化点试验(环球法)

1. 试验目的

(1)沥青软化点是试样在规定尺寸的金属环内，上置规定直径和质量的钢球，放于水(或甘油)中，以(5 ±0.5)℃/min 的速度加热，至钢球下沉到达规定距离时的温度，以℃表示。

(2)沥青软化点是反映沥青温度稳定性的指标，测定该指标以便控制施工质量。

(3)本方法适用于测定道路石油沥青、煤沥青的软化点，也适用于液体石油沥青经蒸馏或乳化沥青破乳蒸发后残留物的软化点。

2. 仪器设备

软化点试验仪(钢球、试样环、钢球定位环、金属支架、耐热玻璃烧杯、温度计)、环夹、加热炉具、玻璃板、恒温水槽、平直刮刀、隔离剂(甘油与滑石粉质量比为2:1)、洁净水、石棉网。

3. 试验步骤

(1)准备工作。

①按规定的方法将试样脱水、过筛(0.6 mm)。

②将隔离剂拌和均匀，涂于清洁干燥的玻璃板上。

③将准备好的沥青试样徐徐注入试样环内至略高出环面为止，在室温冷却30 min后，用环夹夹着试样环，并用热刮刀刮除环面上的试样，务使与环面齐平。

(2)软化点测定。

①试样软化点在80℃以下者：

ⓐ试验前将装有试样的试样环连同试样底板置于装有(5±0.5)℃水的恒温水槽中至少15 min；同时将金属支架、钢球、钢球定位环等也置于相同水槽中。

ⓑ烧杯内注入新煮沸并冷却至5℃的洁净水，水面略低于立杆上的深度标记。

ⓒ从恒温水槽中取出盛有试样的试样环放置在支架中层板的圆孔中，套上定位环；然后将整个环架放入烧杯中，调整水面至深度标记，并保持水温为(5±0.5)℃。环架上任何部分不得附有气泡。将0~80℃的温度计由上层板中心孔垂直插入，使端部测温头底部与试样环下面齐平。

ⓓ将盛有水和环架的烧杯移至放有石棉网的加热炉具上，然后将钢球放在定位环中间的试样中央，立即开动振荡搅拌器，使水微微振荡，并开始加热，使杯中水温在3 min内调节至维持每分钟上升(5±0.5)℃。在加热过程中，应记录每分钟上升的温度值。

ⓔ试样受热软化逐渐下坠，至与下层底板表面接触时，立即读取温度，准确至0.5℃。

②试样软化点在80℃以上者：

ⓐ将装有试样的试样环连同试样底板置于装有(32±1)℃甘油的恒温槽中至少15 min；同时将金属支架、钢球、钢球定位环等也置于甘油中。

ⓑ在烧杯内注入预先加热至32℃的甘油，其液面略低于立杆上的深度标记。

ⓒ从恒温槽中取出装有试样的试样环，按上述方法进行测定(液体为甘油)，准确至1℃。

4. 结果整理

(1)同一试样平行试验两次，当两次测定值的差值符合重复性试验精密度要求时，取其平均值作为软化点试验结果，准确至0.5℃。

(2)精密度或允许差。

①当试样软化点小于80℃时，重复性试验的允许差为1℃，复现性试验的允许差为4℃。

②当试样软化点等于或大于80℃时，重复性试验的允许差为2℃，复现性试验的允许差为8℃。

5. 注意事项

(1)试验前养护时，钢球、钢球定位环、金属支架等应与试样养护同环境、同时。

(2)在加热过程中，应记录每分钟上升的温度值，如温度上升速度超出(5±0.5)℃时，则应重做试验。

3.1.4　沥青标准黏度试验

1. 试验目的

(1)沥青的标准黏度是试样在规定温度下，自沥青标准黏度计规定直径的流孔流出50 mL所需的时间，单位以s表示。

(2)液体沥青的技术等级是按标准黏度来划分的。

(3)本方法适用于液体石油沥青、煤沥青、乳化沥青等材料流动状态的黏度。

2. 仪器设备

道路沥青标准黏度计、水槽、盛样管、球塞、水槽盖、温度计(分度为0.1℃)、秒表、接受瓶(或100 mL量筒)、流孔检查棒、肥皂水(或矿物油)、加热炉等。

3. 试验步骤

(1)试验准备工作。

①按规定的方法准备好沥青试样。

②根据沥青材料的种类和黏稠度，选择需要流孔孔径的盛样管，置水槽圆井中，用规定的球塞堵好流孔。

③根据试验温度需要，调整恒温水槽的水温为试验温度±0.1℃。

(2)将试样加热至比试验温度高2~3℃(如试验温度低于室温时，试样须冷却至比试验温度低2~3℃)时注入盛样管，其数量以液面到达球塞杆垂直时杆上的标记为准。

(3)试样在水槽中保持试验温度至少30 min，用温度计轻轻搅拌试样，测量试样的温度为试验温度±0.1℃时，调整试样液面至球塞杆的标记处，再继续保温1~3 min。

(4)将量筒内装入25 mL肥皂水，以利洗涤及读数准确，并使量筒中心正对流孔。

(5)提起球塞，将标记悬挂在试样管边上，待试样流入量筒达25 mL(量筒刻度50 mL)时，按动秒表，待试样流出75 mL(量筒刻度100 mL)时，按停秒表，读取试样流出50 mL所经过的时间，准确至s，即为试样的黏度。

4. 结果整理

(1)同一试样至少平行试验两次，当两次测定的差值不大于平均值的4%时，取其平均值的整数作为试验结果。

(2)精密度或允许差：重复性试验的允许差为平均值的4%。

5. 注意事项

(1)试验前必须将量筒内壁用肥皂水润湿，再将量筒内装入25 mL肥皂水以利清洗及准确读数。

(2)盛样管内注入试样时，液面不能超过球塞杆垂直时杆上的标记。

3.1.5 沥青闪点与燃点试验(克利夫兰开口杯法)

1. 试验目的

测定黏稠石油沥青、煤沥青及闪点在79℃以上的液体石油沥青的闪点和燃点，以评定施工安全性时使用。

2. 仪器设备

克利夫兰开口杯式闪点仪(加热板、温度计、点火器、铁支架)、防风屏、电炉。

3. 试验步骤

(1)将试样杯用溶剂洗净、烘干，装置于支架上。加热板放在可调温电炉上，接好电源。

(2)安装温度计，垂直插入试样杯中，温度计的水银球距杯底约6.5 mm，位置在与点火器相对一侧距杯边缘16 mm处。

(3)按规定的方法准备好沥青试样后，将试样注入杯中至刻度线处，并使试样杯其他部位不沾有沥青。

(4)全部装置应置于室内光线较暗且无显著空气流通的地方，并用防风屏三面围护。

(5)将点火器转向一侧，试验点火，调节火苗成标准球的形状或直径为(4 ±0.8) mm 的小球形试焰。

(6)开始加热试样，升温速度迅速地达到(14 ~17)℃/min。待试样温度达到预期闪点前56℃时，调节加热器降低升温速度，以便在预期闪点前 28℃时能使升温速度控制在(5.5 ±0.5)℃/min。

(7)试样温度达到预期闪点前28℃时开始，每隔 2℃将点火器的试焰沿试验杯口中心以150 mm 半径作弧水平扫过一次；从试验杯口的一边至另一边所经过的时间约 1 s。此时应确认点火器的试焰为直径(4 ±0.8)mm 的火球，并位于坩埚口上方(2 ~2.5)mm 处。

(8)当试样液面上最初出现一瞬即灭的蓝色火焰，立即从温度计上读记温度，作为试样的闪点。

(9)继续加热，保持试样升温速度(5.5 ±0.5)℃/min，并按上述操作要求用点火器点火试验。

(10)当试样接触火焰立即着火，并能继续燃烧不少于 5 s 时，停止加热，并读记温度计上的温度，作为试样的燃点。

4. 注意事项

(1)同一试样至少平行试验两次，两次测定结果的差值不超过重复性试验允许差 8℃，取其平均值的整数作为试验结果。

(2)试样加热温度不能低于闪点以下 55℃。

(3)当试验时大气压在 95.3 kPa(715 mmHg)以下时，应对闪点或燃点的试验结果进行修正，若大气压为 95.3 ~84.5 kPa(715 ~634 mmHg)时，修正值为增加 2.8℃，当大气压为84.5 ~73.3 kPa(634 ~550 mmHg)时，修正值为增加 5.5℃。

典型例题

例 3 –1　简述石油沥青的主要组成及其与石油沥青主要性质的关系。

答：(1)组成：油分、树脂、地沥青质。

(2)沥青中油分决定流动性。油分含量高，流动性大，温度敏感性大，黏性小。

(3)树脂决定塑性。树脂含量高，其塑性大、温度敏感性大，黏性小，开裂后的自愈能力强。

(4)地沥青质决定黏性。地沥青质含量高，黏性大，温度敏感性小，塑性降低，脆性增大。

3.2　沥青混合料性能试验

1. 沥青混合料试件制作(击实法)

1. 试验目的

(1)本方法适用于标准击实法或大型击实法制作沥青混合料试件，以供试验室进行沥青混合料物理力学性质试验使用。

(2)标准击实法适用于马歇尔试验、间接抗拉试验(劈裂法)等所使用的 ϕ101.6 mm × 63.5 mm 圆柱体试件的成型。大型击实法适用于 ϕ152.4 mm ×95.3 mm 的大型圆柱体试件的成型。

(3)沥青混合料试件制作时，矿料规格及试件数量应符合要求。试验室成型的一组试件的数量不得少于4个，必要时宜增加至5~6个。

2. 仪器设备

标准击实仪、标准击实台、拌和机(容量不小于10 L)、脱模器、试模、烘箱、天平或电子天平、插刀或大螺丝刀、温度计(0~300℃)、滤纸、棉纱等。

3. 试验步骤

(1)准备工作。

①确定制作沥青混合料试件的拌和与压实温度，可参照表3-2执行。

表3-2 沥青混合料拌和及压实温度参考表

沥青结合料种类	拌和温度(℃)	压实温度(℃)
石油沥青	140~160 130~160	120~150
改性沥青	160~175	140~170

②按规定在拌和厂或施工现场采集沥青混合料试样。将试样置于烘箱中或加热的砂浴上保温。

③在试验室人工配制沥青混合料时，材料准备按下列步骤进行：

ⓐ将各种规格的矿料置于(105±5)℃的烘箱中烘干至恒重(一般不少于4~6 h)。

ⓑ按规定的试验方法分别测定不同粒径规格粗、细集料及填料(矿粉)的各种密度，及沥青的密度。

ⓒ将烘干分级的粗细集料，按每个试件设计级配要求称其质量，在一金属盘中混合均匀，矿粉单独加热，置烘箱中预热至沥青拌和温度以上约15℃(采用石油沥青时通常为163℃；采用改性沥青时通常需180℃)备用。一般按一组试件(每组4~6个)备料，但进行配合比设计时宜对每个试件分别备料。

ⓓ将采集的沥青试样，用恒温烘箱或油浴、电热套熔化加热至规定的沥青混合料拌和温度备用，但不得超过175℃。

④用沾有少许黄油的棉纱擦净试模、套筒及击实座等置100℃左右烘箱中加热1 h备用。常温沥青混合料用试模不加热。

(2)拌制沥青混合料(黏稠石油沥青或煤沥青混合料)。

①将沥青混合料拌和机预热至拌和温度以上10℃左右备用。

②将每个试件预热的粗、细集料置于拌和机中，用小铲子适当混合，然后再加入需要数量的已加热至拌和温度的沥青(如沥青已称量在一专用容器内时，可在倒掉沥青后用一部分热矿粉将沾在容器壁上的沥青擦拭一起倒入拌和锅中)，开动拌和机一边搅拌一边将拌和叶片插入混合料中拌和1~1.5 min，然后暂停拌和，加入单独加热的矿粉，继续拌和至均匀为

止，并使沥青混合料保持在要求的拌和温度范围内。标准的总拌和时间为3 min。

(3)将拌好的沥青混合料，均匀称取一个试件所需的用量(标准马歇尔试件约1200g，大型马歇尔试件约4050 g)。当已知沥青混合料的密度时，可根据试件的标准尺寸计算并乘以1.03得到要求的混合料数量。当一次拌和几个试件时，宜将其倒入经预热的金属盘中，用小铲适当拌和均匀分成几份，分别取用。在试件制作过程中，为防止混合料温度下降，应连盘放在烘箱中保温。

(4)从烘箱中取出预热的试模及套筒，用沾有少许黄油的棉纱擦拭套筒、底座及击实锤底面，将试模装在底座上，垫一张圆形的吸油性小的纸，按四分法从四个方向用小铲将混合料铲入试模中，用插刀或大螺丝刀沿周边插捣15次，中间10次。插捣后将沥青混合料表面整平成凸圆弧面。

(5)插入温度计，至混合料中心附近，检查混合料温度。

(6)待混合料温度符合要求的压实温度后，将试模连同底座一起在击实台上固定，在装好的混合料上面垫一张吸油性小的圆纸，再将装有击实锤及导向棒的压实头插入试模中，然后开启电动机或人工将击实锤从457 mm的高度自由落下击实规定的次数(75、50或35次)。

(7)试件击实一面后，取下套筒，将试模翻面，装上套筒、然后以同样的方法和次数击实另一面。

(8)试件击实结束后，立即用镊子取掉上、下面的纸，用游标卡尺量取试件离试模上口的高度并由此计算试件高度，如高度不符合要求时，试件应作废，并按下式调整试件的混合料质量，以保证高度符合(63.5 ±1.3)mm(标准试件)或(95.3 ±2.5)mm(大型试件)的要求。

$$\text{调整后混合料质量}=\frac{\text{要求试件高度}\times\text{原用混合料质量}}{\text{所得试件的高度}} \tag{3-1}$$

(9)卸去套筒和底座，将装有试件的试模横向放置冷却至室温后(不少于12 h)，置于脱模机上脱出试件。

(10)将试件置于干燥洁净的平面上，供试验用。

4. 注意事项

(1)沥青称量方法采用减量法。

(2)对试验室试验研究、配合比设计及采用机械拌和施工的工程，严禁采用人工炒拌法热拌沥青混合料。

(3)对大型马歇尔试件，装模时混合料分两次加入，每次插捣次数同上。

(4)用于做现场马歇尔指标检验的试件，在施工质量检验过程中如急需试验，允许采用电风扇吹冷1 h或浸水冷却3 min以上的方法脱模，但浸水脱模法不能用于测量密度、空隙率等各项物理指标。

3.2.2　沥青混合料试件密度试验(表干法)

1. 试验目的

(1)测定吸水率不大于2%的各种沥青混合料试件，包括Ⅰ型或较密实的Ⅱ型沥青混凝土、抗滑表层混合料、沥青玛蹄脂碎石混合料(SMA)试件的毛体积相对密度或毛体积密度。

(2)本方法测定的毛体积密度用于计算沥青混合料试件的空隙率、矿料间隙率等各项体积指标。

2. 仪器设备

浸水天平或电子秤、网篮、溢流水箱、试件悬吊装置、秒表、毛巾、电风扇或烘箱。

3. 试验步骤

(1)选择适宜的浸水天平或电子秤，最大称量应不小于试件质量的1.25倍，且不大于试件质量的5倍。

(2)除去试件表面的浮粒，称取干燥试件的空中质量(m_a)，根据选择的天平的感量读数，准确至0.1 g。

(3)挂上网篮，浸入溢流水箱中，调节水位，将天平调平或复零，把试件置于网篮中(注意不要晃动水)，浸入水中3~5 min，称取试件水中质量(m_w)。

(4)从水中取出试件，用洁净柔软的拧干湿毛巾轻轻擦去试件的表面水(不得吸走空隙内的水)，称取试件的表干质量(m_f)。

4. 结果整理

(1)计算试件的吸水率，取1位小数。

试件的吸水率即试件吸水体积占沥青混合料毛体积的百分率，按式(3-2)计算。

$$S_a = \frac{m_f - m_a}{m_f - m_w} \times 100\% \tag{3-2}$$

式中：S_a——试件的吸水率(%)；

m_a——干燥试件的空中质量(g)；

m_w——试件的水中质量(g)；

m_f——试件的表干质量(g)。

(2)计算试件的毛体积相对密度和毛体积密度，取3位小数。

当试件的吸水率符合 $S_a < 2\%$ 要求时，试件的毛体积相对密度和毛体积密度按式(3-3)及式(3-4)计算，当吸水率 $S_a > 2\%$ 要求时，应改用蜡封法测定。

$$\gamma_f = \frac{m_a}{m_f - m_w} \tag{3-3}$$

$$\rho_f = \frac{m_a}{m_f - m_w} \times \rho_w \tag{3-4}$$

式中：γ_f——用表干法测定的试件毛体积相对密度，无量纲；

ρ_f——用表干法测定的试件毛体积密度(g/cm^3)；

ρ_w——常温水的密度(≈1 g/cm^3)。

(3)试件的空隙率按式(3-5)计算，取1位小数。

$$VV = \left(1 - \frac{\gamma_f}{\gamma_t}\right) \times 100\% \tag{3-5}$$

式中：VV——试件的空隙率(%)；

γ_f——试件的毛体积相对密度，无量纲。

γ_t——沥青混合料理论最大相对密度，无量纲。

(4)计算试件的理论最大相对密度或理论最大密度，取3位小数。

当已知试件的油石比时，试件的理论最大相对密度可按式(3-6)计算。当已知试件的沥青含量时，试件的理论最大相对密度按式(3-7)计算。

$$\gamma_{ti}=\frac{100+P_{ai}}{\frac{100}{\gamma_{se}}+\frac{P_{ai}}{\gamma_b}} \tag{3-6}$$

$$\gamma_{ti}=\frac{100}{\frac{P_{si}}{\gamma_{se}}+\frac{P_{bi}}{\gamma_b}} \tag{3-7}$$

式中：γ_{ti}——相对于计算沥青用量 P_{bi} 时沥青混合料的最大理论相对密度，无量纲；

P_{ai}——所计算的沥青混合料中的油石比(%)；

P_{bi}——所计算沥青混合料的沥青用量(%)；

P_{si}——所计算沥青混合料的矿料含量(%)；

γ_{se}——矿料有效相对密度，无量纲；

γ_b——沥青的相对密度(25℃/25℃)，无量纲。

(5)试件中沥青的体积百分率可按式(3-8)计算，取 1 位小数。

$$V_{be}=\frac{P_{be}\times\gamma_f}{\gamma_b} \tag{3-8}$$

式中：V_{be}——沥青混合料试件的沥青体积百分率(%)；

P_{be}——沥青混合料的沥青用量(%)。

(6)试件中的矿料间隙率，可按式(3-9)计算。

$$VMA=\left(1-\frac{\gamma_f}{\gamma_{sb}}\times\frac{P_s}{100}\right)\times 100\% \tag{3-9}$$

式中：VMA——沥青混合料试件的矿料间隙率(%)；

P_s——各种矿料占沥青混合料总质量的百分率之和，即 $P_s=100-P_b$(%)；

γ_{sb}——矿料合成毛体积相对密度，按式(3-10)计算。

$$\gamma_{sb}=\frac{100}{\frac{P_1}{\gamma_1}+\frac{P_2}{\gamma_2}+\cdots+\frac{P_n}{\gamma_n}} \tag{3-10}$$

(7)试件的沥青饱和度按式(3-11)计算，取 1 位小数。

$$VFA=\frac{VMA-VV}{VMA}\times 100\% \tag{3-11}$$

式中：VFA——试件的有效沥青饱和度(%)。

5. 注意事项

(1)若天平读数持续变化，不能很快达到稳定，说明试件吸水较严重，不适用于此法测定，应改用蜡封法测定。

(2)对从路上钻取的非干燥试件可先取水中质量，然后用电风扇将试件吹干至恒重(一般不少于 12 h，当不需要进行其他试验时，也可用(60±5)℃烘箱烘干至恒重)，再称取空中质量。

(3)旧路面钻取芯样试样的混合料缺乏材料密度及配合比时，沥青混合料理论最大相对密度应采用真空法或溶剂法求得。

(4)应在试验报告中注明沥青混合料的类型及采用的测定密度的方法。

3.2.3 沥青混合料马歇尔稳定度及浸水马歇尔试验

1. 试验目的

(1)本方法适用于马歇尔稳定度试验和浸水马歇尔稳定度试验，以进行沥青混合料的配合比设计或沥青路面施工质量检验。浸水马歇尔稳定试验供检验沥青混合料受水损害时抵抗剥落的能力时使用，通过测试其水稳定性检验配合比设计的可行性。

(2)本方法适用按规范规定成型的标准马歇尔试件圆柱体和大型马歇尔试件圆柱体。

2. 仪器设备

沥青混合料马歇尔试验仪、恒温水槽、烘箱、天平、温度计、游标卡尺等。

3. 试验步骤

(1)准备工作。

①按标准击实法成型马歇尔试件，其尺寸应符合直径(101.6 ±0.2)mm、高(63.5 ±1.3)mm 的要求。一组试件的数量最少不得少于 4 个，并符合规范规定。

②量测试件的直径及高度：用游标卡尺测量试件中部的直径，用马歇尔试件高度测定器或用游标卡尺在十字对称的 4 个方向量测离试件边缘 10 mm 处的高度，准确至 0.1 mm，并以其平均值作为试件的高度。

③按规范规定的方法测定试件的密度、计算试件空隙率、沥青体积百分率、沥青饱和度、矿料间隙率等物理指标。

④将恒温水槽调节至要求的试验温度，黏稠石油沥青或烘箱养生过的乳化沥青混合料为(60 ±1)℃。

(2)标准马歇尔试验方法。

①将试件置于已达规定温度的恒温水槽中保温，保温时间对标准马歇尔试件需 30 ~ 40 min。试件之间应有间隔，底下应垫起，离容器底部不小于 5 cm。

②将马歇尔试验仪的上下压头放入水槽或烘箱中达到同样温度。将上下压头从水槽或烘箱中取出擦拭干净内面。为使上下压头滑动自如，可在下压头的导棒上涂少量黄油。再将试件取出置于下压头上，盖上上压头，然后装在加载设备上。

③当采用自动马歇尔试验仪时，将自动马歇尔试验仪的压力传感器、位移传感器与计算机或 *X—Y* 记录仪正确连接，调整好计算机或将 *X—Y* 记录仪的记录笔对准原点。

④启动加载设备，使试件承受荷载，加载速度为(50 ±5)mm/min。计算机或 X—Y 记录仪自动记录传感器压力和试件变形曲线并将数据自动存入计算机。

⑤记录或打印试件的稳定度和流值。

(3)浸水马歇尔试验方法。

浸水马歇尔试验方法与标准马歇尔试验方法的不同之处在于，试件在已达规定温度恒温水槽中的保温时间为 48 h，其余均与标准马歇尔试验方法相同。

4. 结果整理

(1)从记录仪上读取试件的稳定度和流值。稳定度(*MS*)，以 kN 计，准确至 0.01 kN。流值(*FL*)，以 mm 计，准确至 0.1 mm。

(2)试件的马歇尔模数按式(3－12)计算。

$$T=\frac{MS}{FL} \tag{3-12}$$

式中：T——试件的马歇尔模数(kN/mm)；

MS——试件的稳定度(kN)；

FL——试件的流值(mm)。

(3)试件浸水马歇尔试验残留稳定度按式(3－13)计算。

$$MS_0=\frac{MS_1}{MS}\times 100\% \tag{3-13}$$

式中：MS_0——试件的浸水残留稳定度(%)；

MS_1——试件浸水48 h后的稳定度(kN)。

5. 注意事项

(1)如标准马歇尔试件高度不符合(63.5±1.3)mm的要求或两侧高度差大于2 mm时，此试件应作废。

(2)从恒温水槽中取出试件至测出最大荷载值的时间，不得超过30 s。

(3)当一组测定值中某个测定值与平均值之差大于标准差的k倍时，该测定值应舍弃，并以其余测定值的平均值作为试验结果。当试件数目n为3，4，5，6个时，k值分别为1.15，1.46，1.67，1.82。

(4)采用自动马歇尔试验时，试验结果应附上荷载—变形曲线原件或自动打印结果，并报告马歇尔稳定度、流值、马歇尔模数，以及试件尺寸、试件的密度、空隙率、沥青用量、沥青体积百分率、沥青饱和度、矿料间隙率等各项物理指标。

3.2.4　沥青与粗集料的黏附性试验

1. 目的与适用范围

本方法适用于检验沥青与粗集料表面的黏附性及评定粗集料抗水剥离能力。对于最大粒径大于13.2 mm的集料应用水煮法，对最大粒径小于或等于13.2 mm的集料应用水浸法进行试验。对同一种料源集料最大粒径既有大于又有小于13.2 mm不同的集料时，取大于13.2 mm水煮法试验为标准，对细粒式沥青混合料应以水浸法试验为标准。

2. 仪具与材料

(1)天平：称量500 g，感量不大于0.01 g。

(2)恒温水槽：能保持温度80℃±1℃。

(3)拌和用小型容器：500 mL。

(4)烧杯：1000 mL。

(5)试验架。

(6)细线：尼龙线或棉线、铜丝线。

(7)铁丝网。

(8)标准筛：9.5 mm、13.2 mm、19 mm各1个。

(9)烘箱：装有自动温度调节器。

(10)电炉、燃气炉。

(11)玻璃板：200 mm×200 mm 左右。

(12)搪瓷盘：300 mm×400 mm 左右。

(13)其他：拌和铲、石棉网、纱布、手套等。

3. 水煮法试验

(1)准备工作。

①将集料过 13.2 mm、19 mm 的筛，取粒径 13.2～19 mm 形状接近立方体的规则集料 5 个，用洁净水洗净，置温度为(105±5)℃的烘箱中烘干，然后放在干燥器中备用。

②将大烧杯中盛水，并置加热炉的石棉网上煮沸。

(2)试验步骤。

①将集料逐个用细线在中部系牢，再置(105±5)℃烘箱内 1 h。按规程 T 0602 准备沥青试样。

②逐个取出加热的矿料颗粒用线提起，浸入预先加热的沥青(石油沥青 130～150℃、煤沥青 100～110℃)试样中 45 s 后，轻轻拿出，使集料颗粒完全为沥青膜所裹覆。

③将裹覆沥青的集料颗粒悬挂于试验架上，下面垫一张纸，使多余的沥青流掉，并在室温下冷却 15 min。

④待集料颗粒冷却后，逐个用线提起，浸入盛有煮沸水的大烧杯中央，调整加热炉，使烧杯中的水保持微沸状态，但不允许有沸开的泡沫。

⑤浸煮 3 min 后，将集料从水中取出，观察矿料颗粒上沥青膜的剥落程度，并按表 3－3 评定其黏附性等级。

表 3－3 沥青与集料的黏附性等级表

试验后石料表面上沥青膜剥落情况	黏附性等级
沥青膜完全保存，剥离面积百分率接近于 0	5
沥青膜少部为水所移动，厚度不均匀，剥离面积百分率少于 10%	4
沥青膜局部明显为水所移动，基本保留在石料表面上，剥离面积分率少于 30%	3
沥青膜大部为水所移动，局部保留在石料表面上，剥离面积百分率大于 30%	2
沥青膜完全为水所移动，石料基本裸露，沥青全浮于水面上	1

⑥同一试样应平行试验 5 个集料颗粒，并由两名以上经验丰富的试验人员分别评定后，取平均等级作为试验结果。

4. 水浸法试验

(1)准备工作。

①将集料过 9.5 mm、13.2 mm 筛，取粒径 9.5～13.2 mm 形状规则的集料 200 g 用洁净水洗净，并置温度为(105±5)℃的烘箱中烘干，然后放在干燥器中备用。

②按规程准备沥青试样，加热至要求的沥青与矿料的拌和温度。

③将煮沸过的热水注入恒温水槽中，并维持温度(80 ±1)℃。

(2)试验步骤。

①按四分法称取集料颗粒(9.5 mm、13.2 mm)100 g 置搪瓷盘中，连同搪瓷盘一起放入已升温至沥青拌和温度以上 5℃的烘箱中持续加热 1 h。

②按每 100 g 矿料加入沥青(5.5 ±0.2)g 的比例称取沥青，准确至 0.1 g，放入小型拌和容器中，一起置入同一烘箱中加热 15 min。

③将搪瓷盘中的集料倒入拌和容器的沥青中后，从烘箱中取出拌和容器，立即用金属铲均匀拌和 1 ~ 1.5 min，使集料完全被沥青薄膜裹覆。然后，立即将裹有沥青的集料取 20 个，用小铲移至玻璃板上摊开，并置室温下冷却 1 h。

④将放有集料的玻璃板浸入温度为(80 ±1)℃的恒温水槽中，保持 30 min，并将剥离及浮于水面的沥青，用纸片捞出。

⑤由水中小心取出玻璃板，浸入水槽内的冷水中，仔细观察裹覆集料的沥青薄膜的剥落情况。由两名以上经验丰富的试验人员分别目测，评定剥离面积的百分率，评定后取平均值表示。

注：为使估计的剥离面积百分率较为正确，宜先制取若干个不同剥离率的样本，用比照法目测评定，不同剥离率的样本，可用加不同比例抗剥离剂的改性沥青与酸性集料拌和后浸水得到，也可由同一种沥青与不同集料品种拌和后浸水得到，样本的剥离面积百分率逐个仔细计算得出。

⑥由剥离面积百分率按表 3 - 3 规定评定沥青与集料黏附性的等级。

5. 报告

试验结果应报告采用的方法及集料粒径。

3.2.5　沥青混合料中沥青含量试验(燃烧炉法)

1. 目的与适用范围

(1)本方法适用于燃烧炉法测定沥青混合料中沥青含量(或油石比)，也适用于对燃烧后的沥青混合料进行筛分分析。

(2)本方法适用于热拌沥青混合料及从路面取样的沥青混合料在生产、施工过程中的质量控制。

2. 仪器设备

(1)燃烧炉：由燃烧室、称量装置、自动数据采集系统、控制装置、空气循环装置、试样篮及其附件组成。燃烧室的尺寸应能容纳 3500 g 以上的沥青混合料试样，并有警示钟和指示灯，当试样质量的变化在连续 3 min 内不超过试样质量的 0.01% 时，可以发出提示声音。燃烧室的门在试验过程中应锁死。

(2)称量装置：该标准方法的称量装置为内置天平，感量 0.1 g，能够称量至少 3500 g 的试样(不包括试样篮的质量)。

(3)试样篮：可以使试样均匀地摊薄放置在篮里。能够使空气在试样内部及周围流通。2 个及 2 个以上的试样篮可套放在一起。通常情况下网孔的尺寸最大为 2.36 mm，最小为 0.6 mm。

(4)烘箱：温度应控制在设定值 ±5℃。

3. 试验准备

(1)按沥青混合料取样方法，在拌和厂从运料卡车采取沥青混合料试样，宜趁热放在金属盘中适当拌和，待温度下降至100℃以下时，称取混合料试样，准确至0.1 g。

(2)当用钻孔法或切割法从路面取得的试样时，应用电风扇吹风使其完全干燥，但不得用锤击以防集料破碎；然后置烘箱125±5℃加热成松散状态，并至恒重；适当拌合后称取试样质量，准确至0.1 g。试样最小质量根据沥青混合料的集料公称最大粒径按表3-4选用。

表3-4 试样最小质量要求

公称最大粒径(mm)	试样最小质量(g)	公称最大粒径(mm)	试样最小质量(g)
4.75	1200	19	2000
9.5	1200	26.5	3000
13.2	1500	31.5	3500
16	1800	37.5	4000

4. 试验步骤

(1)标定：对每一种沥青混合料都必须进行标定，以确定沥青用量的修正系数和筛分级配的修正系数。按照沥青混合料配合比设计的方法按配合比配出5份集料混合料(含矿粉)。将其中2份进行水洗筛分。取筛分结果平均值为燃烧前的各档筛孔通过百分率P_{Bi}。另外3份按照配合比设计的相同条件拌制沥青混合料，在拌制2份标定试样前，先将1份沥青混合料进行洗锅。

(2)预热燃烧炉，将燃烧温度设定538±5℃。设定修正系数为0。称量试样篮和托盘质量m_{B3}，准确至0.1 g。称取2份集料混合料质量m_{B1}，准确至0.1 g。将目标沥青用量P_B为沥青用量，称量沥青质量m_{B2}，将加热的集料混合料和沥青放入拌和机拌合。拌合好的沥青混合料直接放进试样篮中。

(3)试样篮放入托盘中，将加热的试样均匀地在试样篮中摊平，尽量避免试样太靠近试样篮边缘。称量试样、试样篮和托盘总质量m_{B4}，准确至0.1 g。计算初始试样总质量m_{B5}(即$m_{B4}-m_{B3}$)，并将m_{B5}输入燃烧炉控制程序中。

(4)锁定燃烧室的门，启动开始按钮进行燃烧。燃烧至连续3 min试样质量每分钟损失率小于0.01%时，燃烧炉会自动发出警示声音或者指示灯亮起警报，并停止燃烧。燃烧炉控制程序自动计算试样燃烧损失质量m_{B6}，准确至0.1 g。按下停止按钮，燃烧室的门会解锁，并打印试验结果，从燃烧室中取出试样盘。燃烧结束后，罩上保护罩适当冷却。

(5)分别计算两份试样的质量损失系数C_{fi}。$C_{fi}=\left(\frac{m_{B6}}{m_{B5}}-\frac{m_{B2}}{m_{B1}}\right)\times 100$；当两个试样的质量损失系数差值不大于0.15%，则取平均值作为沥青用量的修正系数C_f；当两个试样的质量损失系数差值大于0.15%，则重新准备两个试样按以上步骤进行燃烧试验，得到4个质量损失系数，除去1个最大值和1个最小值，将剩下的两个修正系数取平均值作为沥青用量的修正系数C_f。

(6)当沥青用量的修正系数C_f大于0.5%时，设定482±5℃燃烧温度按照上述步骤重新标定，得到482℃的沥青用量的修正系数 C_f。如果482℃与538℃得到的沥青用量的修正系数差值在0.1%以内，则仍以538℃的沥青用量作为最终的修正系数 C_f；如果修正系数差值大于0.1%，则以482℃的沥青用量作为最终的修正系数 C_f。

(7)级配筛分。用最终沥青用量修正系数 C_f 所对应的2份试样的残留物，进行筛分，取筛分平均值为燃烧后沥青混合料各筛孔的通过率 P'_{Bi}。计算各筛孔的通过百分率修正系数 $C_{pi}=P'_{Bi}-P_{Bi}$。

(8)标定过程结束后，将燃烧炉预热到设定温度，沥青用量的修正系数 C_f 输入到控制程序中。按照上述步骤进行燃烧试验，得到修正后的沥青用量和混合料级配。

5. 结果整理

(1)沥青用量 $P=P'-C_f$

(2)混合料级配 $P_i=P'_i-C_{pi}$

6. 试验记录

沥青用量的重复性试验允许误差为0.11%，再现性试验的允许误差为0.17%。同一沥青混合料试样至少平行试验两次，取平均值作为试验结果。报告内容应包括燃烧炉类型、试验温度、沥青用量的修正系数、试验前后试样质量和沥青用量试验结果，并将标定和测定时的试验结果打印并附到报告中。当需要进行筛分试验时，还应包括混合料的筛分结果。

典型例题

例3-2　一组沥青混合料试件马歇尔稳定度分别为：13.10、12.38、16.95、10.77、12.98、11.33(单位：kN)，求该组试件马歇尔稳定度试验结果。

答：平均值：$\overline{X}=(13.10+12.38+16.95+10.77+12.98+11.33)/6=12.918$

标准差 $s=2.178$

最小值 $g(4)=(12.918-10.77)/2.178=0.98$

最大值 $g(3)=(16.95-12.918)/2.178=1.85$

因为 $g(3)>k=1.82(n=6)$，应舍去 $g(3)$，计算剩余数据平均值。

平均稳定度 $=(13.10+12.38+10.77+12.98+11.33)/5=12.11$(kN)

3.3　热拌沥青混合料配合比设计

3.3.1　引言

热拌沥青混合料是由矿料与黏稠沥青在专门设备中加热拌和而成，用保温运输设备运送至施工现场，并在热态下进行摊铺和压实的混合料，简称热拌沥青混合料，以HMA表示。本节介绍普通热拌沥青混合料的配合比设计。

3.3.2　材料选择与准备

(1)配合比设计的各种矿料必须按现行《公路工程集料试验规程》(JTG E42—2005)规定的方法，从工程实际使用的材料中取代表性样品。进行生产配合比设计时，取样至少应在干拌5次以后进行。

(2)配合比设计所用的各种材料必须符合气候和交通条件的需要。其质量应符合《公路沥青路面施工技术规范》(JTG F40—2004)第4章规定的技术要求。当单一规格的集料某项指标不合格，但不同粒径规格的材料按级配组成的集料混合料指标能符合规范要求时，允许使用。

3.3.3 矿料配合比设计

(1)高速公路和一级公路沥青路面矿料配合比设计宜借助电子计算机的电子表格用试配法进行。其他等级公路沥青路面也可参照进行。

(2)矿料级配曲线按《公路工程沥青及沥青混合料试验规程》T 0725 的方法绘制。

(3)对高速公路和一级公路，宜在工程设计级配范围内计算1~3组粗细不同的配比，绘制设计级配曲线，分别位于工程设计级配范围的上方、中值及下方。设计合成级配不得有太多的锯齿形交错，且在0.3~0.6 mm范围内不出现“驼峰”。当反复调整不能满意时，宜更换材料设计。

(4)根据当地的实践经验选择适宜的沥青用量，分别制作几组级配的马歇尔试件，测定VMA，初选一组满足或接近设计要求的级配作为设计级配。

3.3.4 马歇尔试验

(1)普通热拌沥青混合料的制作温度要求见表3-5。

表3-5 普通热拌沥青混合料的制作温度要求 (单位：℃)

项目	石油沥青的标号				
	50号	70号	90号	110号	130号
沥青加热温度	160~170	155~165	150~160	145~155	140~150
矿料加热温度	集料加热温度比沥青温度高10~30(填料不加热)				
混合料拌和温度	150~170	145~165	140~160	135~155	130~150
成型温度	140~160	135~155	130~150	125~145	120~140

(2)按式(3-18)计算矿料混合料的合成毛体积相对密度γ_{sb}。

$$\gamma_{sb}=\frac{100}{\frac{P_1}{\gamma_1}+\frac{P_2}{\gamma_2}+\cdots+\frac{P_n}{\gamma_n}} \tag{3-16}$$

式中：$P_1, P_2, \cdots, P_n$——各种矿料成分的配比，其和为100；

$\gamma_1, \gamma_2, \cdots, \gamma_n$——各种矿料相应的毛体积相对密度，粗集料按T 0304方法测定，机制砂及石屑可按T 0330方法测定，也可以用筛出的2.36~4.75 mm部分的毛体积相对密度代替，矿粉(含消石灰、水泥)以表观相对密度代替。

(3)按式(3-19)计算矿料混合料的合成表观相对密度。

$$\gamma_{sa}=\frac{100}{\frac{P_1}{\gamma'_1}+\frac{P_2}{\gamma'_2}+\cdots+\frac{P_n}{\gamma'_n}} \tag{3-17}$$

式中：P_1，P_2，…，P_n——各种矿料成分的配比，其和为100；

γ'_1，γ'_2，…，γ'_n——各种矿料按试验规程方法测定的表观相对密度。

（4）确定矿料的有效相对密度。

①对非改性的沥青混合料宜以估计的最佳油石比拌和两组混合料，采用真空法实测密度反算。

$$\gamma_{se}=\frac{100-P_b}{\frac{100}{\gamma_t}-\frac{P_b}{\gamma_b}} \tag{3-18}$$

式中：γ_{se}——合成矿料的有效相对密度；

P_b——试验采用的沥青用量(占混合料总量的百分数)(%)；

γ_g——试验沥青用量条件下实测得到的最大相对密度，无量纲；

γ_b——沥青的相对密度(25℃/25℃)，无量纲。

②对改性沥青及SMA等难以分散的混合料，有效相对密度由计算法确定。

$$\gamma_{se}=C\times\gamma_{sa}+(1-C)\times\gamma_{sb}=\gamma_{sb}+C\times(\gamma_{sa}-\gamma_{sb})$$

$$C=0.033\omega_X^2-0.2936\omega_X+0.9339$$

$$\omega_X=\left(\frac{1}{\gamma_{sb}}-\frac{1}{\gamma_{sa}}\right)\times100$$

（5）采用表干法测定马歇尔试件的毛体积密度。

（6）确定 VV、VMA 和 VFA：

按下式计算沥青混合料试件的空隙率、矿料间隙率 VMA、有效沥青的饱和度 VFA 等体积指标，取1位小数，进行体积组成分析。

$$VV=\left(1-\frac{\gamma_f}{\gamma_t}\right)\times100 \tag{3-19}$$

$$VMA=\left(1-\frac{\gamma_f}{\gamma_{sb}}\times P_s\right)\times100 \tag{3-20}$$

$$VFA=\frac{VMA-VV}{VMA}\times100 \tag{3-21}$$

式中：VV——试件的空隙率(%)；

VMA——试件的矿料间隙率(%)；

VFA——试件的有效沥青饱和度(有效沥青含量占 VMA 的体积比例)(%)；

γ_f——试件的毛体积相对密度，无量纲；

γ_t——沥青混合料的最大理论相对密度，无量纲；

P_s——各种矿料占沥青混合料总质量的百分率之和，即 $P_s=100-P_b$(%)；

γ_{sb}——矿料混合料的合成毛体积相对密度。

3.3.5 确定最佳沥青用量

1. 最佳沥青用量的确定

(1)以预估的油石比为中值，按一定间隔(比如0.5%)，取5个或5个以上不同的油石比分别制成马歇尔试件。

(2)测试指标：毛体积相对密度(≥4个试件)，稳定度与流值(≥4个试件)。

(3)计算体积指标 VV、VMA、VFA。

(4)分别绘制毛体积相对密度、稳定度、空隙率、沥青饱和度、流值、矿料间隙率与沥青用量/油石比的关系曲线。a_1、a_2、a_3、a_4 分别为其对应的沥青用量。

2. 确定沥青混合料的最佳沥青用量 OAC_1

(1)通常情况 $OAC_1=(a_1+a_2+a_3+a_4)/4$。

(2)如果在所选择的沥青用量范围未能涵盖沥青饱和度的要求范围，则：

$$OAC_1=(a_1+a_2+a_3)/3$$

(3)如果密度或稳定度没有出现峰值，可直接以目标空隙率所对应的沥青用量 a_3 作为 OAC_1，即 $OAC_1=a_3$。

(4)但 OAC_1 必须介于 $OAC_{mix}\sim OAC_{max}$ 的范围内，否则应重新进行级配设计。

3. 确定沥青混合料的最佳沥青用量 OAC_2

以各项指标均符合技术标准(不含 VMA)的沥青用量范围 $OAC_{mix}\sim OAC_{max}$ 中值为 OAC_2，即：

$$OAC_2=(OAC_{mix}\sim OAC_{max})/2。$$

4. 调整确定最佳沥青用量

通常，计算的最佳沥青用量 OAC：

$$OAC=(OAC_1+OAC_2)/2$$

综合考虑实践经验和公路等级、气候条件、交通情况特点，调整确定最佳沥青用量 OAC。得到最佳沥青用量后，进而可由图得出 VV、VMA 的数值，检验是否满足关于最小 VMA 的要求。OAC 宜位于 VMA 凹形曲线最小值的贫油一侧。

3.3.6 配合比设计检验

(1)高温稳定性检验。

(2)水稳定性检验。

(3)低温抗裂性能检验。

(4)渗水系数检验。

典型例题

例3-3 根据以下材料，对沥青混凝土上面层AC-13进行配合比设计，沥青混合料矿料级配范围、马歇尔试验技术标准及沥青混合料性能技术标准，按现行规范执行。其中：原材料试验及技术标准参照“JTG E42—2005”《公路工程集料试验规程》、沥青及沥青混合料试验参照“JTG E20—2011”《公路工程沥青及沥青混合料试验规程》，各项试验均有详细的方法说明，沥青混合料的技术要求参照“JTG F40—2004”《公路沥青路面施工技术规范》。

上面层 AC－13C 粗集料采用郴州市良田大发采石场的黑色玄武岩，水泥采用湖南桂阳南方水泥有限公司生产的 P. O42.5 水泥。

1. 原材料试验

1.1　集(石)料试验

表 3－6　粗集料性能指标

性能指标	玄武岩	技术要求	结论	检验方法
表观相对密度($g\cdot cm^{-3}$)	2.915	≥2.6	合格	T 0304
吸水率(%)	0.45	≤3.0	合格	T 0304
压碎值(%)	12.4	≤26	合格	T 0316
洛山矶磨耗(%)	9.5	≤28	合格	T 0317
针片状含量(%)	2.4	≤15	合格	T 0312
黏附性等级	5 级	≥4 级	合格	T 0616
磨光值(BPN)	49	≥42	合格	T 0321
软石含量(%)	0.5	≤3	合格	T 0320
坚固性	6.1	≤12	合格	T 0314

1.2　沥青试验

表 3－7　AH－70 橡胶沥青性能指标

检测项目	性能指标	技术要求	判定结论	试验方法
180℃旋转黏度(Pa. s)	2.7	1.5～4.0	合格	T 0625
针入度(25℃，100g，5s)，(0.1mm) 不小于	47	25－70	合格	T 0604
软化点，不小于(℃)	60.4	52－74	合格	T 0606
弹性恢复，25℃，不小于(%)	78	≥60	合格	T 0662

2. 配合比设计

2.1 AC－13 矿料配合比设计

表 3－8 AC－13 型筛分及合成级配

筛孔(mm)	16	13.2	9.5	4.75	2.36	1.18	0.6	0.3	0.15	0.075	比例(%)
级配上限	100	100	80	42	25	20	15	12	10	8	
级配下限	100	90	60	28	15	12	8	6	5	3	
1#(9.5－16)	100	92.2	21.1	0.2	0.2	0.2	0.2	0.2	0.2	0.2	36
2#(4.75－9.5)	100	100	91.4	2	0.3	0.3	0.3	0.3	0.3	0.3	34
3#(2.36－4.75)	100	100	100	86.3	0.6	0.3	0.3	0.3	0.3	0.3	8
4#(0－2.36)	100	100	100	100	80.4	70.4	45.5	33.3	21.2	9.9	20
水泥	100	100	100	100	100	100	100	97.7	92.1	87.2	2
级配中值	100	95	70	35	20	16	11.5	9	7.5	5.5	
合成级配	100.0	97.2	68.7	29.7	18.3	16.3	11.3	8.8	6.3	3.9	100.0

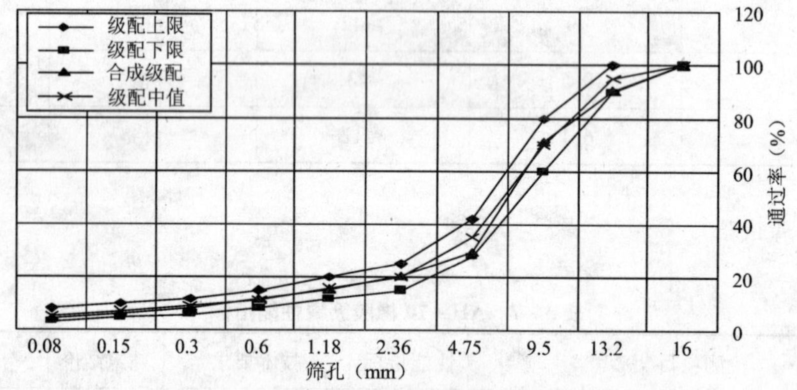

AC－13C 级配组成曲线

2.2 AC－13 马歇尔试验结果汇总表

表 3－9 AC－13 级配油石比优选试验数据

油石比	3.8	4.3	4.8	5.3	5.8	技术要求
击实密度	2.425	2.437	2.447	2.441	2.426	—
空隙率(%)	7.8	6	4.9	4.2	3.4	4～6
矿料空隙率(%)	20.7	20.7	20.8	21.4	22.3	≥14
饱和度(%)	62.3	70.0	72.6	78.0	83.4	70～85

续表3－9

油石比	3.8	4.3	4.8	5.3	5.8	技术要求
稳定度	10.36	11.25	12.07	11.98	11.04	≥7
流值	19.4	25.5	31.2	35.6	40.0	20～50
击实密度最大的油石比 $a_1=4.8$						
稳定度最大的油石比 $a_2=4.9$						
目标空隙率对应的油石比 $a_3=4.7$						
饱和度范围中值对应的油石比 $a_4=5.2$						
$OAC_1=(a_1+a_2+a_3+a_4)/4=4.9$						
$OAC_{min}=4.7$						
$OAC_{max}=5.2$						
$OAC_2=(OAC_{min}+OAC_{max})/2=4.7$						
$OAC=(OAC_1+OAC_2)/2=4.8$						

3.沥青混合料性能试验

3.1　AC－13上面层车辙试验

表3－10　AC－13车辙试验结果

编号	动稳定度(次/mm)		试验温度(℃)	轮胎压力(MPa)	技术要求(次/mm)
	单个值	平均值			
1	2512	2273	60	0.7	>800
2	2041				
3	2267				
备注	①试件尺寸：(300×300×50)mm； ②矿料的级配组成设计为：(9.5～16)∶(4.75～9.5)∶(2.36～4.75)∶(0～2.36)∶(水泥)=36∶34∶8∶20∶2 ③最佳油石比 $OAC=4.8\%$，对应的沥青混合料密度 $=2.451\ g/cm^3$； ④结论：该沥青混合料高温稳定性满足规范要求。				

3.2 AC－13 残留马歇尔稳定度试验

表 3－11 AC－13 残留马歇尔稳定度试验结果

油石比（%）	浸水 48 h			浸水 30～40 min			残留稳定度（%）	规范要求（%）
	实测密度（g/cm^3）	稳定度（kN）	流值（mm）	实测密度（g/cm^3）	稳定度（kN）	流值（mm）		
4.8	2.455	11.75	3.89	2.452	12.17	3.99	92.5	≥85
	2.458	10.99	3.87	2.447	12.35	4.02		
	2.449	11.32	3.67	2.448	11.98	3.58		
	2.452	11.25	3.92	2.458	12.31	3.67		
	2.451	11.07	3.84	2.455	12.21	3.84		
	2.445	11.54	3.92	2.437	12.44	3.94		
平均值	2.452	11.32	3.85	2.450	12.24	3.84		

3.3 AC－13 冻融劈裂试验

表 3－12 AC－13 冻融劈裂试验结果

油石比（%）	经过冻融劈裂			未经冻融劈裂			TSR（%）	规范要求（%）
	试件高（mm）	荷载（kN）	强度（MPa）	试件高（mm）	荷载（kN）	强度（MPa）		
4.8	63.5	7.75	0.77	63.6	8.33	0.82	90.5	≥80
	63.5	7.66	0.76	63.4	8.77	0.87		
	63.8	7.82	0.77	63.8	8.37	0.82		
	63.4	7.52	0.75	63.8	8.22	0.81		
	63.7	7.5	0.74	63.5	8.47	0.84		
	63.5	7.49	0.74	63.4	8.39	0.83		
平均值	63.6	7.6	0.8	63.6	8.4	0.8		

4. 结论

表 3－13 沥青混合料配合比

级配类型	各集料在矿料混合料中的用量（%）					最佳沥青用量（%）	马歇尔密度（g/cm^3）	车辙次/（mm）	残留马歇尔（%）	冻融劈裂抗拉强度比（%）
	9.5～16	4.75～9.5	2.36～4.75	0～2.36	水泥					
RAC－13	36	34	8	20	2	4.8	2.451	5273	92.5	90.5

结论：试验结果表明，沥青混合料上面层 AC－13 高温稳定性能及水稳定性能均满足（JTG F40—2004）《公路沥青路面施工技术规范》相应的技术要求。

第4章

公路工程土工试验与检测技术

4.1　土的工程分类

土的工程分类一般按照粒径组成、土颗粒的矿物成分、有机质含量以及塑性指数进行分类。我国公路用土主要依据土的颗粒组成特征，土的塑性指数和土中有机质存在的情况，分为巨粒土、粗粒土和细粒土，并进行进一步的划分。表4-1为按照土的粒径大小进行的土的分类，表4-2～表4-5为按照不同粒径进行的进一步划分。

表4-1　按粒径划分

粒组	粒组名称		粒径 d 范围(mm)
巨粒	漂石(块石)		$d>200$
	卵石(碎石)		$200\geqslant d>60$
粗粒	砾粒	粗砾	$60\geqslant d>20$
		中砾	$20\geqslant d>5$
		细砾	$5\geqslant d>2$
	砂粒	粗砂	$2\geqslant d>0.5$
		中砂	$0.5\geqslant d>0.25$
		细砂	$0.25\geqslant d>0.075$
细粒	粉粒		$0.075\geqslant d>0.005$
	黏粒		$0.005\geqslant d$

表4-2　巨粒土和含巨粒土的分类

土类	粒组含量		土代号	土名称
巨粒土	巨粒含量>75%	漂石粒含量大于卵石含量	B	漂 石(块石)
		漂石粒含量不大于卵石含量	Cb	卵 石(碎石)
混合巨粒土	50%<巨粒含量≤75%	漂石粒含量大于卵石含量	BSl	混合土漂石(块石)
		漂石粒含量不大于卵石含量	CbSl	混合土卵石(块石)

续表 4－2

土类	粒组含量		土代号	土名称
巨粒混合土	15% ＜巨粒含量≤50%	漂石粒含量大于卵石含量	SlB	漂石（块石）混合土
		漂石粒含量不大于卵石含量	SlCb	卵石（碎石）混合土

表 4－3　砾类土的分类

土类	粒组含量		土代号	土名称
砾	细粒含量＜5%	级配 $C_u \geqslant 5$，$C_c = 1 \sim 3$	GW	级配良好砾
		级配：不同时满足上述要求	GP	级配不良砾
含细粒土砾	细粒含量 5% ～15%		GF	含细粒土砾
细粒土质砾	15% ≤细粒含量＜50%	细粒组中粉粒含量不大于 50%	GC	黏土质砾
		细粒组中粉粒含量大于 50%	GM	粉土质砾

表 4－4　砂类土的分类（砾粒组≤50%）

土类	粒组含量		土代号	土名称
砂	细粒含量＜5%	级配 $C_u \geqslant 5$，$C_c = 1 \sim 3$	SW	级配良好砂
		级配不同时满足上述要求	SP	级配不良砂
含细粒土砂	细粒含量 5% ～15%		SF	含细粒土砂
细粒土质砂	细粒含量＞15%，≤50%	细粒组中粉粒含量不大于 50%	SC	黏土质砂
		细粒组中粉粒含量大于 50%	SM	粉土质砂

表 4－5　细粒土的分类

土的塑性指标在塑性图中的位置		土代号	土名称
塑性指数 I_p	液限 ω_L（%）		
$I_p \geqslant 0.73(\omega_L - 20)$ 和 $I_p \geqslant 7$	≥50	CH	高液限黏土
	＜50	CL	低液限黏土
$I_p < 0.73(\omega_L - 20)$ 和 $I_p < 4$	≥50	MH	高液限粉土
	＜50	ML	低液限粉土

4.2　土的物理性质试验

4.2.1　土的密度试验

1. 试验目的

测定土在天然状态下单位体积的质量。

2. 试验设备和器材

(1)符合规定要求的环刀(内径6～8 mm，高2～3 mm)；

(2)精度为0.01 g的天平；

(3)其他：切土刀，凡士林等。

3. 试验方法和步骤

(1)测出环刀的容积 V，在天平上称环刀质量 m_1。

(2)取直径和高度略大于环刀的原状土样或制备土样。

(3)环刀取土：在环刀内壁涂一薄层凡士林，将环刀刃口向下放在土样上，随即将环刀垂直下压，边压边削，直至土样上端伸出环刀为止。将环刀两端余土削去修平(严禁在土面上反复涂抹)，然后擦净环刀外壁。

(4)将取好土样的环刀放在天平上称量，记下环刀与湿土的总质量 m_2。

(5)计算土的密度，按照公式(4－1)计算：

$$\rho=\frac{m}{V}=\frac{m_2-m_1}{V} \tag{4-1}$$

4. 试验要求

密度试验应进行2次平行测定，两次测定的差值不得大于0.03 g/cm^3，取两次试验结果的算术平均值，密度计算准确至0.01 g/cm^3。

4.2.2　土的含水量试验

1. 试验目的

用烘干法测定土的含水率。

2. 试验仪器、设备

(1)烘箱：采用电热烘箱；

(2)天平：称量200 g，分度值0.01 g；

(3)其他：干燥器，称量盒。

3. 试验方法和步骤

(1)取代表性试样，黏性土为15～30 g，砂性土、有机质土为50 g，放入质量为 m_0 的称量盒内，立即盖上盒盖，称湿土加盒总质量 m_1，精确至0.01 g。

(2)打开盒盖，将试样和盒放入烘箱，在温度105～110℃的恒温下烘干。烘干时间与土的类别及取土数量有关。黏性土不得少于8 h；砂类土不得少于6 h；对含有机质超过10%的土，应将温度控制在65～70℃的恒温下烘至恒量。

(3)将烘干后的试样和盒子取出，盖好盒盖放入干燥器内冷却至室温，称干土加盒质量

为 m_2，精确至 0.01 g。

4. 试验数据整理

含土的水率按照公式(4－2)计算：

$$w = \frac{m_w}{m_s} = \frac{m_1 - m_2}{m_2 - m_0} \times 100\% \qquad (4-2)$$

5. 试验要求

计算准确至 0.1%，本试验需要进行 2 次平行测定，取其算术平均值，允许平行差值应不大于 1.0%。

4.2.3　土的液限、塑限试验

1. 试验目的

(1)了解细粒土界限含水量的特征、定义及测定方法。液性界限(ω_L)是细粒土从塑性状态转变为液性状态的界限含水量，简称液限；塑性界限(ω_P)是细粒土从半固体状态转变为塑性状态的界限含水量，简称塑限。

(2)测定土的液、塑限，用以计算土的塑性指数和液性指数，作为细粒土分类及估计地基土承载力的一个依据，供设计、施工使用。

2. 试验方法

在试验室中，液限(ω_L)通常采用锥式液限仪测定；塑限(ω_P)通常采用搓条法测定。目前工程中常用液、塑限联合测定仪一起测定黏性土的液限和塑限。试验用液、塑限联合测定仪如图 4－1 所示。

图 4－1　液、塑限联合测定仪

3. 试验仪器、设备

(1)液塑限联合测定仪：圆锥仪、读数显示；

(2)试样杯：直径 40～50 mm，高 30～40 mm；

(3)天平：称量 200 g，分度值 0.01 g；

(4)其他：烘箱、干燥器、铝盒、调土刀、孔径 0.5 mm 的筛、凡士林等。

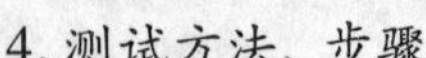

4. 测试方法、步骤

(1)试验原则上应采用天然含水率的土样进行，也允许用风干土制备土样，土样过 0.5 mm 筛后，喷洒配制一定含水率的土样，然后装入密闭玻璃广口瓶内，润湿一昼夜备用(土样制备工作试验室已预先做好)。

(2)将已制备好的土样取出，放在搪瓷碗中加水或电吹风吹干并调匀后，密实地装入试样杯中(土中不能有孔洞)，高出试样杯口的余土，用刮土刀刮平，随即将试样杯放在升降底座上。

(3)接通电源，按下“开”按钮，在锥体上抹以薄层凡士林。

(4)转动升降座，待试样杯上升到土面刚好与圆锥仪锥尖接触时，“接触”蓝灯亮，再按下“测试”按钮，圆锥仪自由下落，当音响信号自动发出声响时，立即从读数屏幕上读出圆锥仪下沉深度。

(5)把升降座降下，细心取出试样杯，剔除锥尖处含有凡士林的土，取出锥体附近的试样不少于10 g放入称量铝盒内，称量得质量 m_1，并记下盒号，测定含水率。

(6)将称量过的铝盒，放入烘箱；在105～110℃的温度下烘至恒量，取出土样盒放入玻璃干燥皿内冷却，称干土的质量 m_2。

(7)重复(2)～(6)的步骤，测试另两种含水率土样的圆锥入土深度和含水率。

5. 试验数据整理

(1)计算含水量，按照公式(4-3)计算：

$$\omega = \frac{m_1 - m_2}{m_2 - m_0} \times 100\% \tag{4-3}$$

式中：ω——圆锥入土任意深度下试样的含水率，%，计算至0.1%；

m_1——湿土样及称量盒质量，g；

m_2——烘干后土样及称量盒质量，g；

m_0——称量盒质量，g；

(2)塑限和液限确定。

以含水率为横坐标，以圆锥入土深度为纵坐标在双对数坐标纸上绘制含水率与相应的圆锥入土深度关系曲线，如图4-2所示。三点应在一根直线上，如图中A线。如果三点不在同一直线上，通过高含水率的一点与其余两点连两根直线，在圆锥入土深度为2 mm处查得相应的两个含水率，如果两个含水率的差值小于2%，用该两含水率的平均值的点与高含水率的测点作直线，如右图中的B线，若两个含水率差值等于、大于2%，则应补点或重做试验。

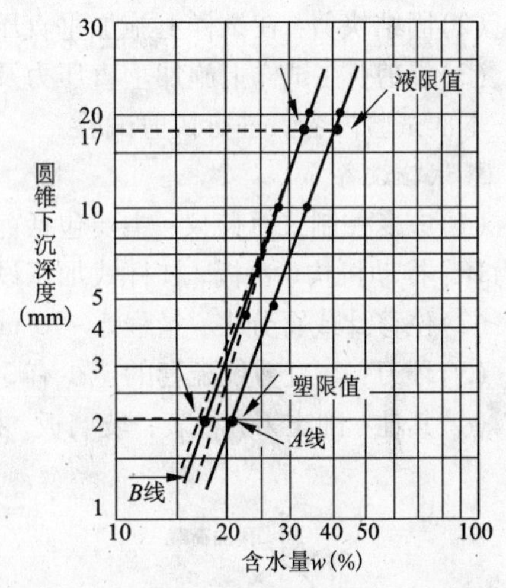

图4-2　土的含水量与圆锥下沉深度关系

在含水率与圆锥下沉深度的关系图上查得下沉深度为17 mm对应的含水率为液限，查得下沉深度为2 mm对应的含水率为塑限。

(3)塑性指数计算，见公式(4-4)：

$$I_P = \omega_L - \omega_P \tag{4-4}$$

式中：I_P——塑性指数，精确至0.1；

ω_L——液限(%)；

ω_P——塑限(%)。

(4)液性指数计算，见公式(4-5)

$$I_L = \frac{\omega_0 - \omega_P}{I_P} \tag{4-5}$$

式中：I_L——液性指数，精确至0.01；

ω_0——天然含水率(%)。

6. 试验要求

计算准确至0.1%，试验需要进行2次平行测定，取其算术平均值，允许平行差值应不大于1.0%。

4.3 土的力学性质试验

4.3.1 土的直接剪切试验

1. 试验目的

(1)测定土的抗剪强度指标 c 和 Φ，为计算地基承载力、挡墙土压力、验算地基及土坡稳定提供基本参数。

(2)了解应变式直接剪切试验测定土的抗剪强度指标的方法。分为快剪(Q)、固结快剪(CQ)、慢剪(S)三种试验方法。

2. 试验方法

(1)快剪：在试样上施加垂直压力后立即快速施加水平剪应力。

(2)固结快剪：在试样上施加垂直压力，待试样排水固结稳定后，快速施加水平剪应力。

(3)慢剪：在试样上施加垂直压力及水平剪应力的过程中，均使试样排水固结。

本次试验内容只进行快剪试验。

3. 试验设备

(1)应变控制式直剪仪：主要包括剪切盒(水槽、上剪切盒、下剪切盒)、垂直加压框架、测力环、推动机构、台板、杠杆式加压设备。

(2)位移计或百分表：量程 5 ~ 10 mm，分度值 0.01 mm。

(3)环刀：与直剪仪配套的至少有 3 个；内径 618 mm，高度 20 mm。

(4)其他：削土刀，秒表，玻璃板，推土器，蜡纸或塑料膜等。

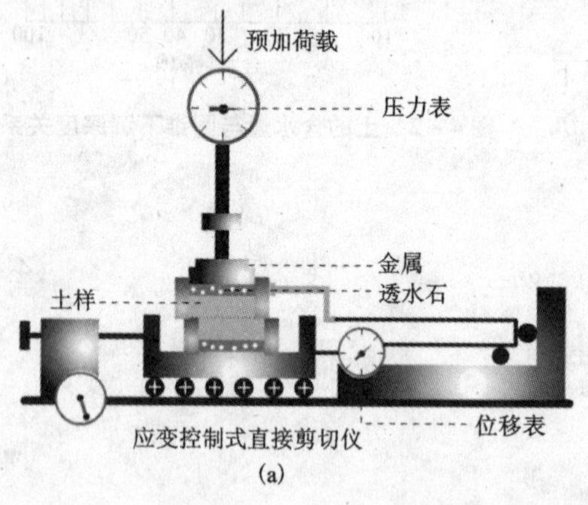

(a)

(b)

图 4-3 应变控制式直剪仪

(a)工作示意图；(b)实物图

4. 试验步骤

(1)制备土样：制备给定干密度和含水量范围的扰动土样，土样为直径约 200 mm、高约 100 mm 的土柱(实际工程中，切取原状土样)。

(2)切取土样：用与直剪仪配套的环刀切取土样。环刀刃口向下对准圆柱土样中心，慢慢垂直下压，边压边削切土样使土样成锥台形。直至土样伸出环刀顶面为止，将环刀两边余土削去修平，擦净环刀外壁。

(3)安装土样：对准上下剪切盒，插入固定插销。在下盒内放不透水板，然后用推土器将试样徐徐推入剪切盒内，移去环刀。再顺次放入另一张同直径的蜡纸或塑料膜、上透水石、加压盖板与钢珠。

(4)调试仪器：安装加压框架，转动手轮，使上剪切盒前端钢珠刚好与测力环接触。调整测力环百分表读数为零。对需要测记垂直变形量的，安装垂直位移计或百分表。

(5)施加垂直压力：转动手轮，使上盒前端钢珠刚好与测力计接触，调整测力计中的量表读数为零。顺次加上盖板、钢珠压力框架。每组四个试样，分别在四种不同的垂直压力下进行剪切，可取四个垂直压力分别为100、200、300、400 kPa。

(6)进行剪切：施加垂直压力后，立即拔出固定销钉，开动秒表，以每分钟4~6转的均匀速率旋转手轮(可采用每分钟6转)。使试样在3~5 min内剪破。如测力计中的量表指针不再前进，或有显著后退，表示试样已经被剪破。但一般宜剪至剪切变形达4 mm。若量表指针再继续增加，则剪切变形应达6 mm为止。手轮每转一圈，同时测记测力计量表读数，直到试样剪破为止。(注：手轮每转一圈推进下盒0.2 mm)

(7)拆卸试样：剪切结束后，吸去剪切盒中的积水，倒转手轮，尽快移去垂直压力、框架、上盖板，取出试样。

5. 注意事项

(1)先安装试样，再装量表。安装试样时要用透水石把土样从环刀推进剪切盒里，试验前量表中的大指针调至零。

(2)加荷时，不要摇晃砝码；剪切时要拔出销钉，按公式(4-6)计算各级垂直压力下所测的抗剪强度：

$$\tau_f = CR \tag{4-6}$$

式中：τ_f——土的抗剪强度，kPa；

C——测力计率定系数，kPa/0.01 mm；

R——测力计量表最大读数，或位移4 mm时的读数(0.01 mm)，0.01 mm。

(3)绘制$\tau-\sigma$曲线。

以抗剪强度τ为纵坐标，垂直压力σ为横坐标，绘制抗剪强度τ与垂直压力σ的关系曲线。根据图上各点，绘制一条视测的直线。则直线的倾角为土的内摩擦角Φ，直线在纵坐标轴上的截距为土的黏聚力c，如图4-4所示。

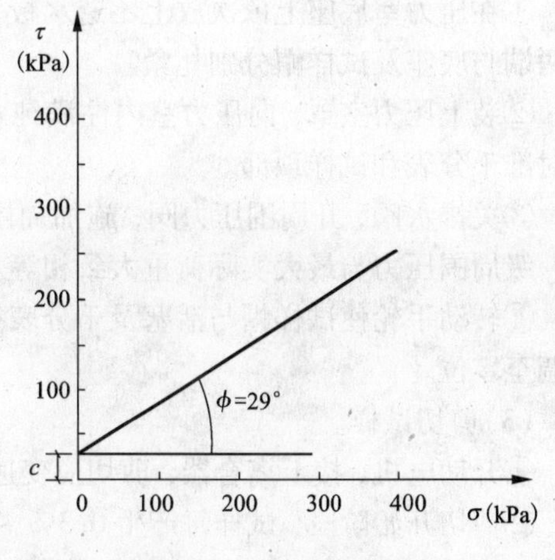

图4-4　τ-σ曲线图

4.3.2　土的三轴剪切试验

1. 试验目的

三轴剪切试验是在三向应力状态下，测定土的抗剪强度参数的一种剪切试验方法。通常用3~4个圆柱体试样，分别在不同的恒定围压下，施加轴向压力，进行剪切，直至破坏；然后根据极限应力圆包络线，求得抗剪强度参数。

2. 试验方法

根据排水条件不同，三轴剪切试验分为不固结不排水试验(UU)、固结不排水剪切(CU)和固结排水试验(CD)。本教材只做不固结不排水剪切试验。

3. 试验设备

(1)应变控制式三轴剪切仪，由周围压力系统、反压力系统、孔隙水压力量测系统和主机组成。

(2)附属设备：包括击实器、饱和器、切土器、分样器、切土盘、承膜筒和对开圆模。

(3)天平：称量200 g，感量0.01 g；称量1000 g，感量0.1 g。

(4)橡皮膜：应具有弹性，厚度应小于橡皮膜直径的1/100，不得有漏气孔。

4. 试验步骤

(1)试样制备。

①试验需要3~4个试样，分别在不同周围压力下进行试验。

②试样尺寸：最小直径为ϕ35 mm，最大直径为ϕ101 mm，试样高度宜为试样直径的2~2.5倍。对于有裂缝、软弱面和构造面的试样，试样直径宜大于60 mm。

③原状试样制备，应将土切成圆柱形试样，试样两端应平整并垂直于试样轴，当试样侧面或端部有小石子或凹坑时，允许用削下的余土修整，试样切削时应避免扰动，并取余土测定试样的含水量。

④扰动试样制备，应根据预定的干密度和含水量，在击实器内分层击实，粉质土宜3~5层，黏质土宜为5~8层，各层土料数量应相等，各层接触面应刨毛。

⑤对制备好的试样，应量测其直径和高度。试样的平均直径应按公式(4-7)计算：

$$D_0 = \frac{D_1 + 2D_2 + D_3}{4} \tag{4-7}$$

式中：D_1，D_2，D_3 分别为试样上、中、下部位的直径。

⑥取余土，测定含水率。

(2) 试样的安装。

①在压力室底座上依次放上不透水板、试样及试样帽，将橡皮膜套在试样外，并将橡皮膜两端与底座及试样帽分别扎紧。

②装上压力室罩，向压力室内注满纯水，关排气阀，压力室内不应有残留气泡，并将活塞对准千分表和试样顶部。

③关排水阀，开周围压力阀，施加周围压力，周围压力值应与工程实际荷重相适应，最大一级周围压力与最大实际荷重大致相等。

④转动手轮使试样帽与活塞及千分表接触，装上变形指示计，将千分表和变形指示计读数调至零位。

(3)剪切试样。

①开动电机，接上离合器，剪切应变速率宜为每分钟应变0.5%~1.0%进行。

②剪切开始阶段，试样每产生0.3%~0.4%的轴向应变，测记一次千分表读数和轴向应变值。当轴向应变大于3%以后，每隔0.7%~0.8%的应变值测记一次读数。

③当千分表读数出现峰值时，剪切应继续进行，超过5%的轴向应变为止。若当千分表

读数无峰值时，剪切应进行到轴向应变为 15% ~20%。

④试验结束，关电动机，关周围压力阀，开排气阀，排除压力室内的水，拆除压力室外罩，取出试样，描述破坏特征，称试样质量，并测定含水率。

⑤对其余几个试样，在不同围压下重复上述步骤进行剪切试验。

5. 试验数据整理

(1)计算试样剪切时的校正面积，按照公式(4-8)计算

$$A_a = \frac{A_0}{1-0.01\varepsilon_1} \tag{4-8}$$

式中：A_0——起始剪切时试样的面积；

ε_1——轴向应变率，%，固结不排水剪 $\varepsilon_1 = \frac{\Delta h_i}{h_0}$，$\Delta h_i$ 为剪切时试样的轴向变形，cm。

(2)主应力差($\sigma_1 - \sigma_3$)按照式(4-9)计算：

$$\sigma_1 - \sigma_3 = \frac{C \cdot R}{A_a} \times 10 \tag{4-9}$$

式中：σ_1——大主应力，kPa；

σ_3——小主应力，kPa；

C——测力计测定系数(N/0.01mm 或 N/MV)；

R——测力计读数(0.01 mm 或 MV)；

A_a——试样剪切时的校正面积，cm^2。

(3)绘制主应力差($\sigma_1 - \sigma_3$)与轴向应变(ε_1)的关系曲线，以轴向应变为横向坐标，主应力差为纵向坐标，绘制($\sigma_1 - \sigma_3$) - ε_1 曲线。

(4)绘制应力圆及强度包线。

思考与练习

1. 土的密度还可以采用什么方法测试？

2. 土的塑限、液限的物理意义是什么？测试塑性指数和液性指数对实际工程有何意义？

第 5 章

公路工程水泥与水泥混凝土试验与检测技术

5.1 水泥的技术性质和技术要求

公路工程用水泥主要技术性质如表 5－1～表 5－2 所示。

表 5－1 各交通等级路面用水泥不同龄期的抗压和抗折强度

交通等级	特重交通		重交通		中、轻交通	
龄期(d)	3	28	3	28	3	28
抗压强度(MPa)，≥	25.5	57.5	22.0	52.5	16.0	42.5
抗折强度(MPa)，≥	4.5	7.5	4.0	7.0	3.5	6.5

表 5－2 各交通等级路面用水泥的化学成分和物理指标

水泥性能	特重、重交通路面	中、轻交通路面
铝酸三钙	≤7.0%	≤9.0%
铁铝酸四钙	≤15.0%	≤12.0%
游离氧化钙	≤1.0%	≤1.5%
氧化镁	≤5.0%	≤6.0%
三氧化硫	≤3.5%	≤4.0%
碱含量	$Na_2O+0.658K_2O\leq 0.6\%$	怀疑有碱活性集料时，≤0.6%；无碱活性集料时≤1.0%
混合材种类	不得掺窑灰、煤矸石、火山灰和黏土，有盐冻要求时不得掺石灰、石粉	不得掺窑灰、煤矸石、火山灰和黏土，有盐冻要求时不得掺石灰、石粉
出磨时安定性	雷氏夹或蒸煮法检验必须合格	煮法检验必须合格
标准稠度需水量	≤28%	≤30%
烧失量	≤3%	≤5.0%
比表面积	宜在 300～450 m^2/kg	宜在 300～450 m^2/kg
细度(0.08mm)	≤10%	≤10%

续表5－2

水泥性能	特重、重交通路面	中、轻交通路面
初凝时间	≥45 min	≥45 min
终凝时间	≤390 min	≤390 min
28 d干缩率	≤0.09%	≤0.10%
耐磨性	≤3.6 kg/m^3	≤3.6 kg/m^2

5.2　水泥性能试验

试验要求：

(1)试验室温度为17～25℃，相对湿度不低于50%。养护室温度为(20±2)℃，相对温度大于90%。

(2)试验用水应是洁净的淡水，有争议时也可采用蒸馏水。

(3)水泥试样应充分搅拌均匀，并通过0.9 mm方孔筛，记录其筛余量情况。

(4)试验用材料、仪器、用具的温度与试验室一致。

5.2.1　水泥细度试验(筛析法)

水泥细度检验有比表面积法和筛析法。以下主要介绍筛析法。

1. 试验目的

根据国家标准检验评定水泥细度是否合格。

2. 主要仪器设备

负压筛：负压筛由圆形筛框和筛网组成，筛孔为0.080 mm。

负压筛析仪：它由筛座、负压筛、负压源及收尘器组成。

天平：感量为0.1 g的电子天平或物理天平。

标准筛：筛布同湿筛法，筛框有效直径150 mm，高50 mm。

3. 试验步骤

(1)负压筛析法。

①筛析前，把负压筛放在筛座上，盖上筛盖，接通电源，调节负压为4000～6000 Pa的范围。

②称取试样25 g，放进负压筛中，盖上筛盖，放在筛座上。

③开动筛析仪连续筛析2 min，轻轻敲打盖上附着的试样，停机后，用天平称量筛余物。

常用负压筛设备见图5－1所示。

图5－1　常用负压筛

(2)手工筛析法。

称取试样并精确到0.01 g，倒入筛内，并加盖，用手执筛往复摇动，另一只手轻轻拍打，拍打速度120次/min，每40次向同一方向转动60°，使试样均匀分布在筛网上，直到通过的试样量不超过0.3 g/min为止，称筛余量。

4. 试验结果处理

(1)负压筛法水泥试样筛余百分数按公式(5-1)计算(准确至0.1%)

$$F = R/W \times 100\% \tag{5-1}$$

式中：F——水泥试样的筛余百分数；

R——水泥筛余物的质量，g；

W——水泥试样的质量，g。

(2)手工筛析法试验结果按公式(5-2)计算(准确至0.1%)

$$F = R/W \times 100\% \tag{5-2}$$

式中符号的意义同负压筛法。

5. 试验结论

将试验测试结果与相应标准要求进行对比，满足标准要求时，则可判断该水泥试样细度合格，否则为不合格。筛析法有负压筛法、水筛法和干筛法，在检验中，当其他方法与负压筛法发生争议时，以负压筛法为准。

5.2.2　水泥标准稠度用水量检验

1. 试验目的

本试验的目的是测定水泥净浆达到标准稠度时的用水量，为测定水泥的凝结时间和体积安定性做好准备。

2. 主要仪器及设备

标准稠度测定仪(维卡仪)、水泥净浆搅拌机、量水器。主要设备如图5-2和图5-3所示。

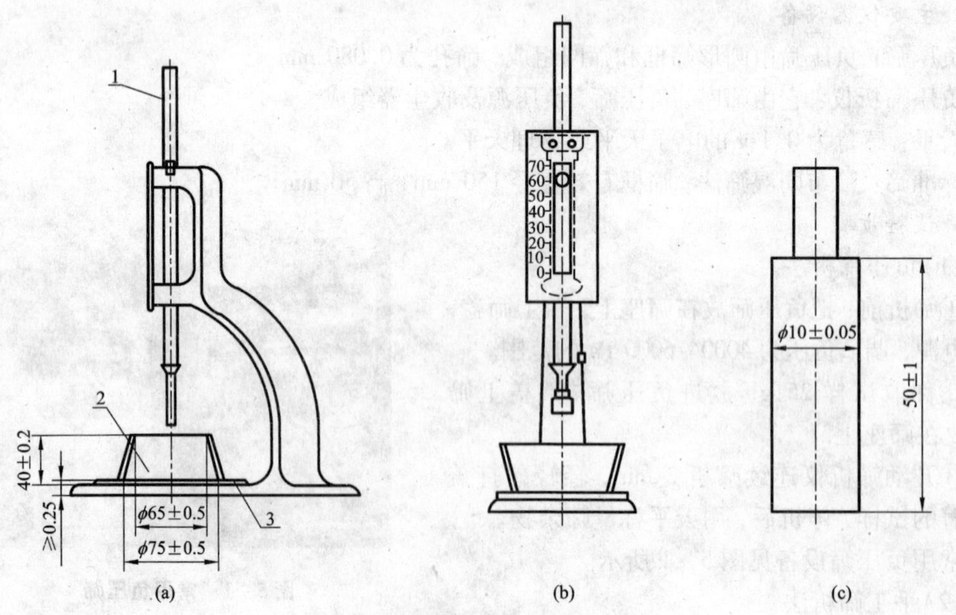

图5-2　维卡仪及配件示意图

(a)维卡仪示意图(侧视图)；(b)维卡仪示意图(前视图)；(c)标准稠度杆

3. 试验步骤

(1)试验准备：维卡仪金属棒能自由滑动；调整至试杆接触玻璃板时指针对准零点；搅拌机运行正常。

(2)水泥净浆的拌制：用水泥净浆搅拌机搅拌，搅拌锅和搅拌叶片先用湿布擦过，将拌和水倒入搅拌锅内，然后在5~10 s内小心将称好的500 g水泥加入水中，防止水和水泥溅出；拌和时，先将锅放在搅拌机的锅座上，升至搅拌位置，启动搅拌机，低速搅拌120 s，停15 s，同时将叶片和锅壁上的水泥浆刮入锅中间，接着高速搅拌120 s后停机。

图5-3　维卡仪实物图

(3)标准稠度用水量的测定步骤。

拌和结束后，立即将拌制好的水泥净浆装入已置于玻璃底板上的试模中，浆体超过试模上端，用宽约25 mm的直边刀轻轻拍打超出试模部分的浆体5次以排除浆体中的孔隙，然后在试模上表面约1/3处，略倾斜于试模分别向外轻轻锯掉多余净浆，再从试模边沿轻摸顶部一次，使净浆表面光滑。抹平后迅速将试模和底板移到维卡仪上，并将其中心定在试杆下，降低试杆直至与水泥净浆表面接触，拧紧螺丝1~2 s后，突然放松，使试杆垂直自由地沉入水泥净浆中。在试杆停止沉入或释放试杆30 s时记录试杆距底板之间的距离，升起试杆后，立即擦净；整个操作应在搅拌后1.5 min内完成。以试杆沉入净浆并距底板(6±1)mm的水泥净浆为标准稠度净浆。其拌和水量为该水泥的标准稠度用水量(P)，按水泥质量的百分比计。

5.2.3　水泥凝结时间试验

1. 试验目的

测定水泥的凝结时间，判断水泥的质量。

2. 主要仪器及设备

凝结时间测定仪、水泥净浆搅拌机、标准养护箱等。凝结时间测定设备采用维卡仪如图5-2所示，测试用针如图5-4所示。

3. 试验步骤

(1)将圆模放在玻璃板上，在内侧涂上一层机油，调整凝结时间测定仪的试针接触玻璃板时，指针应对准标尺零点。

(2)称取水泥试样500 g，按标准稠度用水量加水制备标准稠度的水泥净浆，方法同前。将制备好的待测浆体立即一次装入圆模，用手振动数次，刮平，放入标准养护箱内。记录开始加水的时间作为凝结时间的起始时间。

(3)凝结时间的测定。试样在标准养护箱中养护至加水后30 min时进行第一次测定。

(4)测定时，从湿气养护箱中取出圆模放到试针下，使试针与圆模接触，拧紧螺丝1~2 s后突然放松，试针垂直自由沉入净浆，观察试针停止下沉30 s的指针读数。临近初凝时间时每隔5 min(或更短时间)测定一次，当试针沉至距底板(4±1)mm时，即为水泥达到初凝状态。由水泥全部加入水中至初凝状态的时间为水泥的初凝时间。

(5)终凝时间测定时，为了观察试针沉入的情况，在终凝试针上安装一个环形附件，在完成初凝时间测定后，将试模连同浆体以平移的方式从玻璃板取下，翻转180°，直径大端朝

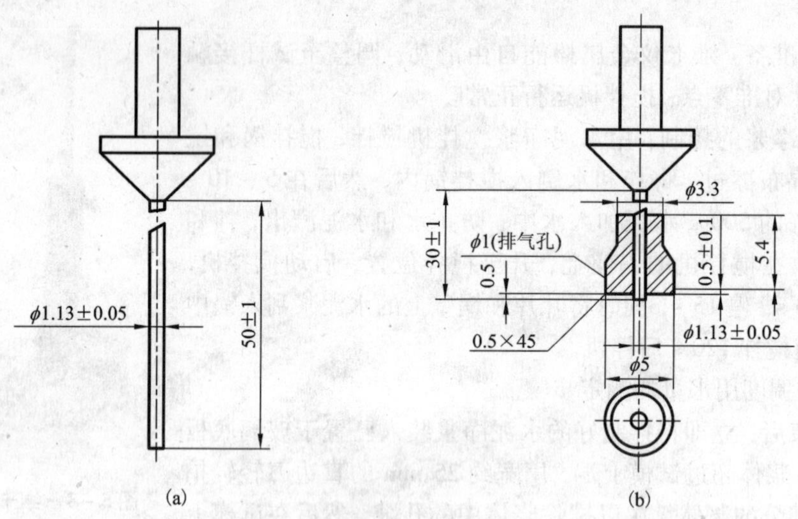

图 5-4 凝结时间测试用针

(a)初凝用试针；(b)终凝用试针

上，小端朝下，放在玻璃板上，再放入湿气养护箱内继续养护，当临近终凝时间时每隔 15 min(或更短时间)至试针沉入试体 0.5 mm 时，即环形附件开始不能在试体上留下痕迹时，水泥达到终凝状态，由水泥全部加入水中至终凝状态为水泥的终凝时间。

5. 试验结论

国家标准《通用普通硅酸盐水泥》(GB175－2007)规定：硅酸盐水泥的初凝时间不得小于 45 min，终凝时间不得大小 390 min。根据国家标准评定水泥凝结时间是否合格。

注：在最初测定的操作时，应轻轻地扶持金属棒，使其徐徐下降以防试针撞弯，但应以自由下落为准；在整个操作过程中试针插入的位置至少要距圆模 10 mm。临近初凝时，每隔 5 min 测定一次，临近终凝时，每隔 15 min 测定一次，到达初凝或终凝时立即重复测一次，当两次结果相同时才能定为初凝或终凝时间。每次测定不得让试针落入原针孔，每次测定完毕须将试针擦净并将圆模放回标准养护箱内。

5.2.4 水泥体积安定性检验

1. 试验目的

检验水泥浆体在硬化时体积变化的均匀性，以决定水泥的品质。试验方法为沸煮法，用以检验游离氧化钙造成的体积安定性不良。沸煮法又分试饼法和雷氏法，当两者发生争议时，以雷氏法为准。

2. 主要仪器及设备

雷氏夹膨胀值测定仪，标尺最小刻度为 0.5 mm；雷氏夹、沸煮箱、水泥净浆搅拌机、标准养护箱、天平、量水器等。雷式夹示意图如图 5－5 所示。

3. 试验步骤

(1)测定前的准备工作。

若采用雷氏法时每个雷氏夹需配备质量 75～80 g 的玻璃板两块，若采用试饼法时一个样

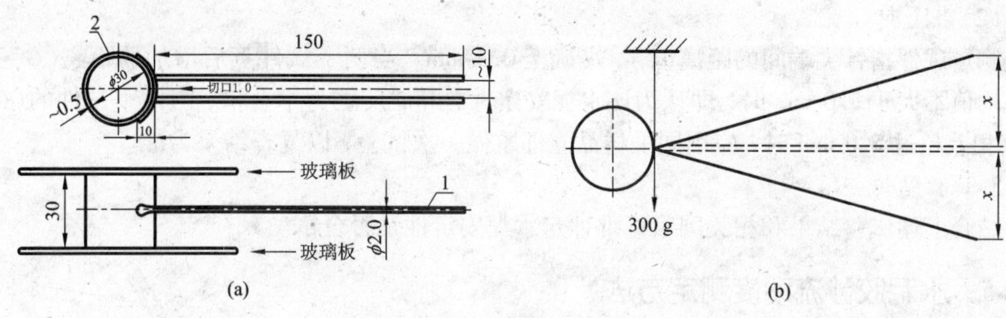

图5－5　雷氏夹示意图

(a)雷氏夹(单位：mm)1—指针；2—环模；(b)雷氏夹受力示意图

品需准备两块100 mm×100 mm的玻璃板，每种方法每个试样需成型两个试件。凡与水泥净浆接触的玻璃板和雷氏夹表面都要涂上一薄层脱模油。

(2)水泥标准稠度净浆的制备。

称取500 g(精确至1 g)水泥，以标准稠度用水量，用水泥净浆搅拌机搅拌制备标准稠度水泥净浆，方法同前面一样。

(3)成型方法。

①试饼的成型方法。

将制好的净浆取出一部分后分成两等份，使之成球形，放在准备好的玻璃上，将其做成直径70～80 mm、中心厚约10 mm、边缘渐薄表面光滑的试饼，接着将试饼放入标准养护箱内养护(24±2)h。

②雷氏夹试件的制备方法。

将雷氏夹放在已擦油的玻璃上，并将已制好的标准稠度净浆装满试模，装模时一只手轻轻地扶持试模，另一只手用宽约25 mm的直边刀在浆体表面轻轻捣插3次，然后抹平，盖上涂油的玻璃板，移到标准养护箱内养护(24±2)h。

(4)沸煮箱准备。

调整好沸煮箱内的水位，保证在整个沸煮过程中水位都漫过试件，中途不需加水，同时又能在(30±5)min内升至沸腾。

(5)试件的检验与沸煮。

将标准养护后的试件脱去玻璃板取下试件。

当用试饼法时先检查试饼是否完整(如已开裂翘曲要检查原因，确证无外因时，试饼已属不合格产品)，在试饼无缺陷的情况下，将试件放在沸煮箱的水中篦板上，然后在(30±5)min内加热至沸腾，并恒沸(180±5)min。当用雷氏法时，先测量指针之间的距离(A)，精确至0.5 mm，接着将试件放到水中篦板上，然后在(30±5)min内加热至沸腾，并恒沸(180±5)min。

沸煮结束，放掉箱中热水，打开箱盖，待箱体冷却至室温，取出试件进行判定。

4. 试验结果

(1)试饼法。

目测未发现裂缝，用直尺检查也没有弯曲的试饼，即为安定性合格，反之为不合格。当两个试饼判别结果有矛盾时，该水泥的安定性为不合格。

(2)雷氏夹。

测量试件指针尖端间的距离(C),准确至0.5 mm。当两个试件煮后增加的距离($C-A$)的平均值不大于5.0 mm时,即认为该水泥安定性合格,反之为不合格;当两个试件的($C-A$)值相差超过5.0 mm时,应用同一样品立即重做一次试验,以复查结果为准。

5. 试验结论

结合上述试验结果和相关国家标准评定水泥安定性是否合格。

5.2.5 水泥胶砂流动度测定方法

1. 试验目的

通过检验不同配比胶砂流动的扩展度,评价砂浆的流动性能。

2. 主要仪器及设备

水泥胶砂流动度测定仪(简称跳桌,如图5-6所示),刚性试模、捣棒、卡尺、小刀、天平等。

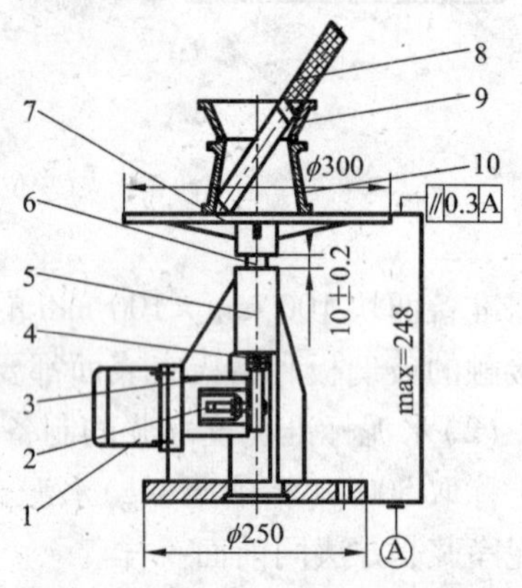

图5-6 水泥胶砂流动度测试仪

1—电机;2—接近开关;3—凸轮;4—滑轮;5—机架;6—推杆;7—圆盘桌面;8—捣棒;9—模套;10—截锥圆模

3. 试验步骤

(1)流动度测试前的准备。

①跳桌工作状态检查:在试验前,应合上跳桌电源,让跳桌先进行空转,以检验各部位是否正常;

②待测新拌胶砂试样的准备;

③在准备胶砂试样的同时,用潮湿棉布擦拭跳桌台面,试模内壁、捣棒以及与胶砂接触的用具,将试模放在跳桌台面中央并用潮湿棉布覆盖。

(2)装料。

将待测新拌胶砂试样分两层迅速装入试模,第一层装至截锥圆模高度约2/3处,用小刀在相互垂直两个方向各划5次,用捣棒由边缘至中心均匀捣压15次,随后,装第二层胶砂,装至高出截锥圆模约20 mm,用小刀在相互垂直两个方向各划5次,再用捣棒由边缘至中心均匀捣压10次。捣压力量应恰好足以使胶砂充满缸锥圆模。捣压深度,第一层捣至胶砂高度的1/2,第二层捣实不超过已捣实底层表面。装胶砂和捣压时,用手扶稳试模,不要使其移动。捣压完毕,取下模套,用小刀由中间向边缘分两次将高出截锥圆模的胶砂刮去并抹平,擦去落在桌面上的胶砂。

(3)将截锥圆模垂直向上轻轻提起,立刻开动跳桌,约每秒钟一次,在(25±1)s内完成25次跳动。

4. 试验结果

跳动完毕,采用卡尺测量胶砂底面相互垂直两个方向直径,计算平均值,取整数,用mm为单位表示,即为该水泥胶砂的流动度。流动度试验,从胶砂拌和开始到测量扩展直径结束,应在6 min内完成。

5. 试验结论

结合试验结果和相关国家规定对胶砂流动度进行评价。

5.2.6　水泥胶砂强度检验

1. 试验目的

检验水泥的强度，确定水泥的强度等级。

2. 主要仪器及设备

水泥胶砂搅拌机(符合 JC/T681 要求)、胶砂振实台(符合 JC/T682 要求)、试模及下料漏斗、抗折试验机、抗压试验机及抗压夹具、三角刮刀、天平等，试验用主要设备如图 5－7 所示。

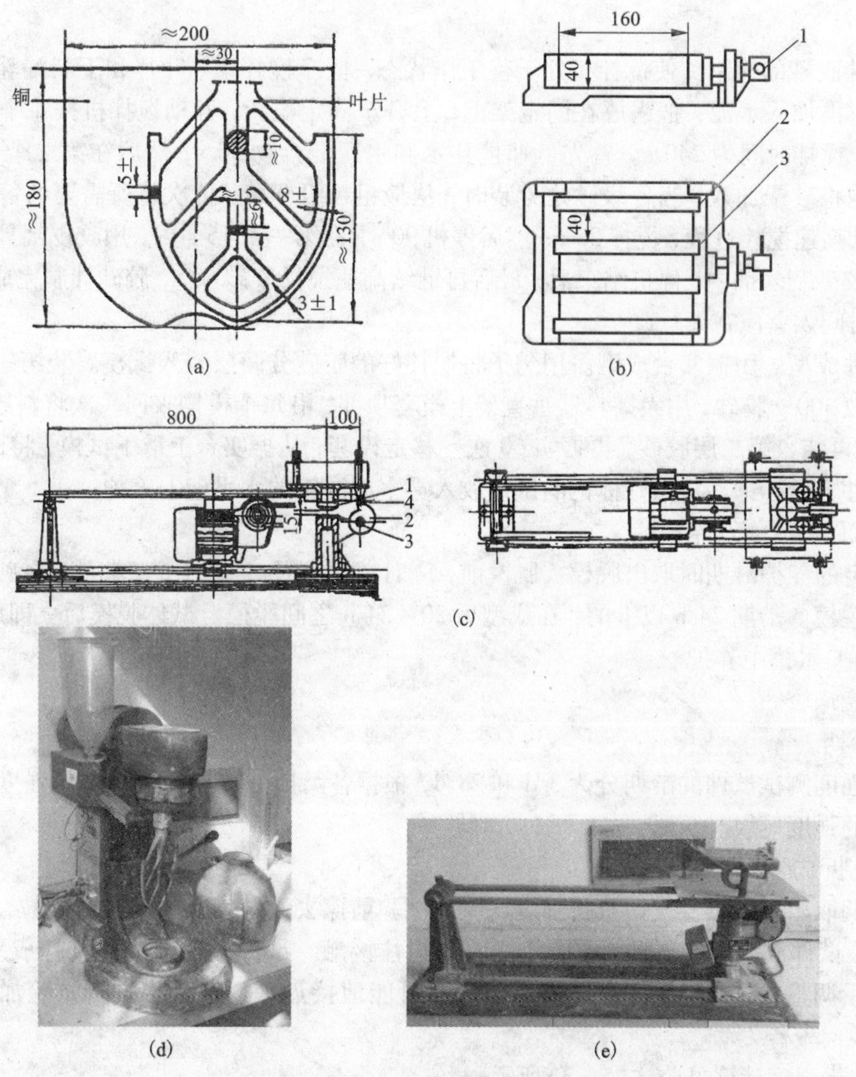

图 5－7　胶砂试验设备(mm)

(a)搅拌机内部；(b)试模(1—底模；2—侧模；3—挡板)；(c)振动台(1—突头；2—凸轮；3—止动器；4—随动轮)；(d)胶砂搅拌机；(e)胶砂成型振动台

3. 试验方法与步骤

(1)试件成型。

①胶砂试模准备。成型前将三联试模擦净，四周的模板与底座的接触面上应涂黄油，紧密装配，防止漏浆，内壁均匀涂一薄层机油。

②胶砂组成材料与配比。组成材料为水泥、标准砂和水，水泥与标准砂的质量比为1∶3，对于硅酸盐水泥、普通硅酸盐水泥、矿渣水泥、火山灰水泥、粉煤灰水泥、复合硅酸盐水泥等，水与水泥的质量比均为0.5。

③胶砂试件材料用量。成型试件需称量水泥(450 ±2)g，标准砂(1350 ±5)g，用水量为225 mL。

④新拌胶砂的拌制。使搅拌机处于待工作状态，擦净搅拌锅、叶片和下料漏斗等，将水加入锅里，再加入水泥，把锅放在固定架上，上升至固定位置，开动搅拌机按4个搅拌进程进行搅拌，搅拌时间为240 s。首先低速搅拌水和水泥混合物30 s；然后在第二个30 s开始时，均匀地将砂子加入，当各级砂是分装时，从最粗粒级开始，依次将所需要的每级砂量加完后，进入高速搅拌进程，搅拌30 s；然后停机90 s，在第一个15 s内，用胶皮刮具将叶片和锅壁上的胶砂刮入锅中；停机结束后，最后再继续高速搅拌胶砂60 s，胶砂拌制完成；各个搅拌阶段，时间误差应在±1 s内。

⑤试件成型。用振实台成型。用勺子将搅拌好的胶砂分两层装入试模。装第一层时，每个槽里约放300 g胶砂，用大播料器垂直架上模套顶部，沿每个模槽来回一次将料层播平，振实60次。再装入第二层胶砂，再振实60次。移走模套，从振实台上取下试模，将试体抹平，接着在试件上做标记。将做好标记的试模放入雾室或湿箱的水平架上养护。

(2)试件的脱模及养护。

到规定的养护龄期时取出脱模。脱模前，应对试体编号。对24 h龄期的，在破坏试验前20 min内脱模。龄期24 h以上的，在成型后20 ~24 h之间脱模。试体脱模后立即放入恒温，即(20 ±1)℃水槽中养护。

4. 强度试验

(1)龄期。

胶砂强度测试试件的龄期分为3 d和28 d，根据各龄期的抗折强度和抗压强度试验结果评定水泥的强度等级。

(2)抗折试验。

每龄期取出3条试件先做抗折强度试验。试验前擦去试件表面的水分和砂粒，清除夹具上的杂物，试件放入抗折夹具内，应使侧面与圆柱接触。试件放入前应使杠杆成平衡状态。试件放入后调整夹具，使杠杆在试件折断时尽可能地接近平衡位置。抗折试验加荷速度为(50 ±5)N/s。

(3)抗折强度计算见公式(5 -3)所示。

抗折强度计算：
$$R_f = \frac{3F_fL}{2bh^2} \tag{5-3}$$

式中：R_f——抗折强度，MPa(精确至0.1MPa)；

F_f——破坏荷载，N；

L——支撑圆柱中心距(即10 mm)；

b——棱柱体正方形截面的边长，mm。

根据上式计算出的抗折强度，以3块试体的平均值为试验结果。当3个强度值中有1个超过平均值±10%时，应剔除将余下的两块计算平均值，并作为抗折强度试验结果。

(4)抗压强度试验。

抗折强度试验后的6个断块应立即进行抗压强度试验。抗压试验须用抗压夹具做。试验前应清除试体受压面与加压板间的砂粒或杂物。试验时试件的侧面作为受压面，试件的底面靠紧夹具，并使夹具对准压力机压板中心。

压力机加荷速度应控制在(2400±200)N/s的范围内，在接近破坏时更应严格控制。

抗压强度按公式(5-4)计算：

$$R_c = F_c / A \tag{5-4}$$

式中：R_c——抗压强度，MPa(精确至0.1 MPa)；

F_c——破坏荷载，N；

A——受压面积，mm^2。

5. 试验结果

抗折强度：以一组三个棱柱体抗折结果平均值作为试验结果。当三个强度值中有超出平均值±10%时，应剔除后再取平均值作为抗折强度平均值。

抗压强度：以一组三个棱柱体上得到的六个抗压强度测定值的算术平均值作为抗压强度试验结果。如六个测定值中有一个超出六个平均值的±10%，就应剔除这个结果，而以剩下五个的平均值为结果。如果五个测定值中再有超出它们平均值±10%的，则此组结果作废。

6. 试验结论

根据相应规范要求和所测抗折强度和抗压强度试验结果，评定水泥强度等级。

5.3 混凝土基本性能试验

试验要求：

(1)试验用原材料应提前运入室内，拌和混凝土时试验室温度应保持在(20±5)℃。

(2)砂石骨料用量以饱和面干状态或干燥状态为基准。

(3)试验室拌制混凝土时，材料用量以重量计，量程的精确度：骨料为±1%，水、水泥和外加剂为±0.5%。

(4)混凝土部分的有关试验应根据混凝土配合比设计的内容，结合工程实例进行，即按设计好的混凝土配合比进行混凝土的性能试验。

(5)本方法适用于测定集料最大粒径不大于40 mm、坍落度不小于10 mm的混凝土拌和物稠度测定。

5.3.1 混凝土拌制及和易性测试

1. 试验目的

通过测定拌和物流动性，观察其黏聚性和保水性，综合评定混凝土的和易性，作为调整配合比和控制混凝土质量的依据。

2. 主要仪器设备

台秤(量程 50 kg，感量50 g)；天平(量程5 kg，感量1 g)；量筒(200 m、1000 mL)、拌板(1.5 m×2.0 m)，拌铲等；直尺、抹刀、小铲；标准坍落度筒(金属制圆锥体形，底部内径 200 mm，顶部内径 100 mm，高 300 mm，壁厚大于或等于 1.5 mm)；弹头形捣棒(ϕ16 mm×600 mm)；装料漏斗(与坍落度筒配套)。如图5－8所示。

搅拌机[容量(75～100) L，转速(18～22) r/min]，强制式卧式搅拌机或者立式搅拌机，如图 5－9 所示。

图 5－8 混凝土坍落度测试筒装置

图 5－9 混凝土搅拌机

3. 材料称量

称量精度要求：砂石为 ±1%，水泥、水为 ±0.5%。配制用料与工程实际用料相符，同时满足技术标准。拌和时，环境温度宜处于(20 ±5)℃。根据所设计的计算配合比，称所要求拌和体积混凝土拌和物所需各材料用量。

4. 测定步骤

(1)混凝土拌和

①人工拌和法。

用湿布将拌板、拌铲等搅拌工具、坍落度筒擦净并润湿，置于适当的位置，按砂、水泥、石子、水的投放顺序，先把砂和水泥在拌板上干拌均匀(用铲在拌板一端均匀翻拌至另一端，再从另一端又均匀翻拌回来，如此重复)，再加石子干拌成均匀的干混合物。将干混合物堆成堆，其中间做一凹槽，将已称量好的水倒入一半左右于凹槽内(不能让水流淌掉)，仔细翻拌、铲切，并徐徐加入另一半剩余的水，继续翻拌、铲切，直至拌和均匀。从加水至搅拌均匀的时间控制参考值：拌和物体积在 30 L 以下时为 4～5 min；拌和物体积在 30～50 L 时为 5～9 min；拌和物体积在 50～70 L 时为 9～12 min。

②机械搅拌法。

一次拌和量应不小于搅拌机额定搅拌量的 1/4。使用前，先用同一配合比的少量水泥砂浆搅拌一次，倒出水泥砂浆，再按石子、砂、水泥、水的投料顺序，倒入石子、砂和水泥在机内干拌匀 1 min，再徐徐倒入水搅拌约 2 min。

(2)和易性测试。

①将润湿后的坍落度筒放在不吸水的刚性水平底板上，然后用脚踩住两边的脚踏板，使坍落度筒在装料时保持位置固定。

②将已拌匀的混凝土试样用小铲装入筒内，数量控制在插捣后层厚为筒高的1/3左右。每层用捣棒插捣25次，插捣应沿螺旋方向由外向中心进行，各次插捣点在截面上均匀分布。插捣筒边混凝土时，捣棒可以稍稍倾斜；插捣底层时，捣棒应贯穿整个深度；插捣第二层和顶层时，捣棒应插透本层至下一层的表面以下。

③插捣顶层前，应将混凝土灌满高出坍落度筒，如果插捣使拌和物沉落到低于筒口，应随时添加使之高于坍落度筒顶，插捣完毕，用捣棒将筒顶搓平，刮去多余的混凝土。

④清理筒周边的散落物，小心地垂直提起坍落度筒，特别注意平稳，不让混凝土试体受到碰撞或震动，筒体的提离过程应在5～10 s内完成。从开始装料于筒内到提起坍落度筒的操作不得间断，并在150 s内完成。

⑤将筒安放在拌和物试体一侧（注意整个操作基面要保持同一水平面），立即测量筒顶与坍落后拌和物试体最高点之间的高度差，以mm表示，即为该混凝土拌和物的坍落度值。

⑥保水性目测。坍落度筒提起后，如有较多稀浆从底部析出，试体则因失浆使集料外露，表示该混凝土拌和物保水性能不好。若无此现象，或仅只少量稀浆自底部析出，而锥体部分混凝土试体含浆饱满，则表示保水性良好，并做记录。

⑦黏聚性目测。用捣棒在已坍落的混凝土锥体一侧轻轻敲打，锥体渐渐下沉表示黏聚性良好；反之，锥体突然倒坍，部分崩裂或发生石子离析，表示黏聚性不好，并做记录。

⑧和易性调整。按计算备料的同时，另外还需要备好两份为调整坍落度所需的材料量，该数量应是计算试拌材料用量的5%或10%。

若测得的坍落度小于施工要求的坍落度值，可在保持水灰比W/C不变的同时，增加5%或10%水泥和水的用量。若测得的坍落度大于施工要求坍落度值，可在保持砂率Sp不变的同时，增加5%或10%（或更多）的砂、石用量。若黏聚性保水性不好，则需要适当调整砂率，并尽快拌和均匀，重新测定，直到和易性符合要求为止。混凝土坍落度测试示意如图5－10所示。

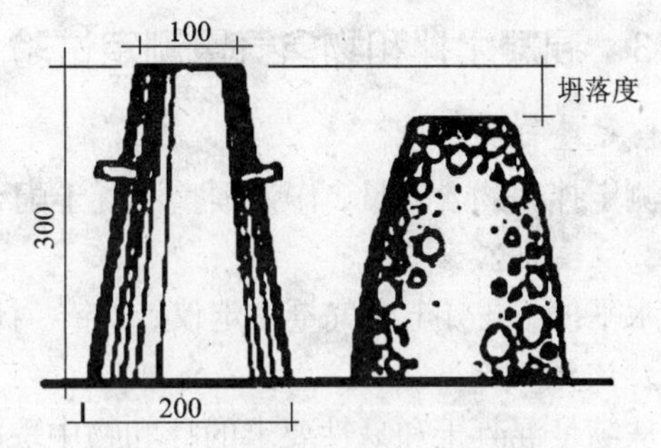

图5－10　混凝土坍落度测试示意图

5. 测定结果

（1）混凝土拌和物坍落度以毫米为单位，测量精确至1 mm，修约至5 mm。

（2）混凝土拌和物和易性评定，应按试验测定值和试验目测情况综合评议。其中坍落度至少要测定两次，并以两次测定值之差不大于20 mm的测定值为依据，求算术平均值作为本次试验的测定结果。

（3）记录下调整前后拌和物的坍落度、保水性、黏聚性以及各材料实际用量，并以和易性符合要求后的各材料用量为依据，对混凝土配合比进行调整，求基准配合比。

5.3.2　混凝土拌和物表观密度（湿）试验

1. 试验目的

测定拌和物捣实后单位体积的质量，作为调整混凝土配合比的依据。

2. 主要仪器设备

容量筒、台秤(量程50 kg, 感量50 g)、振动台、弹头形捣棒 ϕ16 mm×600 mm、小铲、抹刀、金属直尺等。

3. 试样准备

从满足混凝土和易性要求的拌和物中取样, 及时连续试验。

4. 测定步骤

(1)用湿布将容量筒内外擦净, 称其质量 m_1(kg)。

(2)将拌和物一次装入容量筒, 稍加插捣, 并稍高于筒口, 再移至振动台上振实至拌和物表面出现水泥浆为止。

(3)用金属直尺沿筒口将捣实后多余的拌和物刮去, 仔细擦净筒外壁。再称出容量筒和筒内拌和物的总质量 m_2(kg)。

5. 测定结果

混凝土拌和物的实测表观密度 $\rho_{b,c}$ 按公式(5-5)计算(精确至10 kg/m^3):

$$\rho_{b,c}=\frac{m_2-m_1}{V_0}\times 1000 \tag{5-5}$$

式中: V_0——容量筒的容积, L;

m_1——容量筒质量, kg;

m_2——容量筒和试样总质量, kg。

5.3.3 混凝土拌和物含气量测定试验

1. 试验目的

测定拌和物含气量, 作为调整混凝土配合比的依据。

2. 主要仪器设备

水平仪、混凝土含气量测定仪、小铲、抹刀、橡胶锤、抹布等。

3. 试样准备

从满足混凝土和易性要求的拌和物中取样, 及时连续试验。

4. 测定步骤

(1)用湿布擦干净容器与上盖内表面, 并用水平仪使容器放至水平放置。

(2)把待测混凝土分三等层装进容器, 每层用倒棒插捣25次, 插捣后, 用木锤沿容器四周敲10~15下。使插捣形成的孔消失, 直到表面不再见到大的气泡为止, 插捣第一层时, 注意不要插到容器底部, 第二、三层插捣时应稍微插过第一层的表面, 插捣敲击完毕后, 多余的混凝土要用直尺沿凸沿顶边刮去。

(3)容器的凸缘和上盖要擦得非常洁净, 使上盖压紧后密封良好。

(4)把上盖轻放在容器上, 上紧夹子使气密良好, 并打开小龙头和排气阀。用注水器从小龙头处向容器中加水至水从排气阀出水口流出为止, 然后关紧排气阀和小龙头。把所有的阀门关紧后, 用手泵打压, 使表压稍过0.1 MPa压力为止, 停5 s, 用微调阀调压, 使表压准确的停在0.1 MPa压力线上。

注: ①每当读压力值时, 用指尖轻弹表盘, 并在它停止摆动时再读数。

②0.1 MPa压力线为仪器的初始压力线, 0.1 MPa压力为仪器的初始压力。

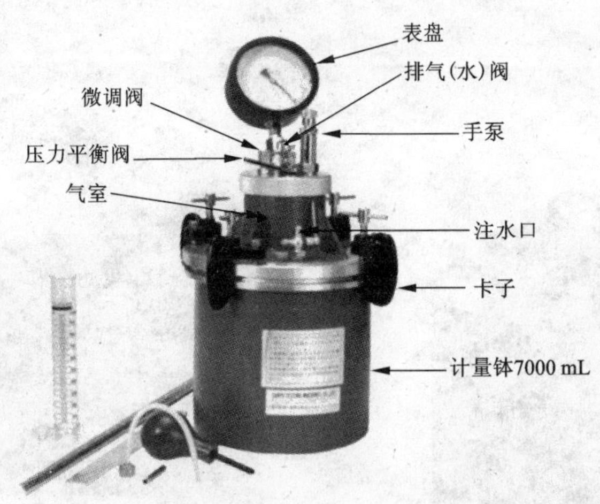

图5-11　混凝土含气量测定仪

(5)按下阀门杆然后松开，用木锤轻敲仪器的四周，使压力均匀分布在试件的各处。再次按下阀门杆，当压力表指针停止抖动时读数该读值为压力值，用所得的压力值对照0～10%含气量的表定值，可得所测样品的含气量值。

(6)测量完毕：打开排气阀，从容器中放气，如需对同一试样重复测定含气量时，则重复进行上述试验步骤。打开龙头，松开夹子，取下上盖。倒掉容器中的混凝土试样，清洗上盖和容器的内表面。含气量测定仪如不连续使用，要打开微调阀放压，使气室压力和大气压一致。

注：在操作过程中，如气室压力通过微调阀已放尽，而容器内还有压力，这时不能按下阀门杆，否则会把水吸进气室，使以后的测试产生误差，若有水进入气室，必须通过阀门杆把水排出，然后用泵抽几下，把剩余的水抽出来。

5.4　混凝土力学强度试验

试验要求：

(1)试验用原材料应提前运入室内，拌和混凝土时试验室温度应保持在(20±5)℃。

(2)混凝土养护室温度保持在(20±2)℃，相对湿度大于95%。

5.4.1　混凝土抗压强度试验

1. 试验目的

测定混凝土立方体抗压强度，作为确定混凝土强度等级和调整配合比的依据。

2. 主要仪器设备

(1)压力试验机或万能试验机。其测量精度为±1%，试验时由试件最大荷载选择压力机量程，使试件破坏时的荷载位于全量程的20%～80%范围以内，压力试验机如图5-12所示。

(2)其他设备：钢垫板、试模、标准养护箱(室)、振动台、捣棒、小铁铲、金属直尺、镘刀等，混凝土成型用试模如图5-13所示。

图 5－12 压力试验机

图 5－13 混凝土成型用试模

3. 试件制备

(1)选择同规格的试模 3 个组成一组(一般采用 150 mm×150 mm×150 mm 立方体，或者 100 mm×100 mm×100 mm 的三联模)。将试模拧紧螺栓并清刷干净，内壁涂薄层矿物油，编号待用。

(2)试模内装的混凝土应是同一次拌和的拌和物。坍落度不大于 70 mm 的混凝土，试件成型宜采用振动台振实；坍落度大于 70 mm 的混凝土，试件成型宜采用捣棒人工捣实。

(3)振动台成型试件。将拌和物一次装入试模并稍高出模口，用镘刀沿试模内壁略加插捣后移至振动台上，开动振动台，振动至表面呈现水泥浆为止，刮去多余拌和物并用镘刀沿模口抹平。

(4)人工捣棒捣实成型试件。将拌和物分两层装入试模，每层厚度大致相等。沿螺旋方向从边缘向中心均匀进行插捣。插捣底层时，捣棒应贯穿整个深度；插捣上层时，捣棒应插入下层深度 20～30 mm。插捣时捣棒应保持垂直不得倾斜，并用抹刀沿试模内壁插入数次，以防止试件产生麻面，然后刮去多余拌和物，并用镘刀抹平。混凝土拌和物拌制后宜在 15 min 内成型。

(5)成型后的试件应覆盖，防止水分蒸发，并在室温(20±5)℃环境中静置 1～2 昼夜(不得超过两昼夜)，拆模编号。

(6)拆模后的试件立即放在标准养护室内养护。试件在养护室内置于架上，试件间距离应保持 10～20 mm，并避免用水直接冲刷。

注：当缺乏标准养护室时，混凝土试件允许在温度为(20±2)℃不流动的 $Ca(OH)_2$ 饱和溶液中养护；同条件养护的混凝土试样，拆模时间应与实际构件相同，拆模后也应放置在该构件附近与构件同条件养护。

4. 测定步骤

试件从养护地点取出后，应擦干表面水分并清除其他附着物，尽快进行试验；以免试件内部的温湿度发生显著变化。

(1)将试件擦拭干净，测量尺寸，并检查外观。试件尺寸测量精确至 1 mm，据此计算试件的承压面积。如实测尺寸与公称尺寸之差不超过 1 mm，可按公称尺寸进行计算。

试件承压面的不平整度应为每 100 mm 长不超过 0.05 mm，承压面与相邻面的不垂直度不应超过 ±0.5°。

(2)将试件安放在试验机的下压板上，试件的承压面应与成型时的顶面垂直。试件的中心应与试验机下压板中心对准。

(3)在强度等级不小于 C60 的抗压强度试验时，试件周围应设防裂网罩。如压力试验机上下压板不符合钢垫板要求，必须使用钢垫板。

(4)开动试验机，当上压板与试件接近时，调整球座，使接触均衡。

(5)应连续而均匀地加荷，预计混凝土强度等级 < C30 时，加荷速度每秒 0.3 ~ 0.5 MPa；混凝土强度等级 ≥ C30 且 < C60 时，加荷速度每秒 0.5 ~ 0.8 MPa；混凝土强度等级 ≥ C60 时，加荷速度每秒 0.8 ~ 1.0 MPa。当试件接近破坏而开始迅速变形时，停止调整试验机油门，直至试件破坏，然后记录破坏荷载。

5. 测定结果

试件的抗压强度 f_{cc}(MPa)按公式(5 - 6)计算：

$$f_{cc} = \frac{P}{A} \tag{5-6}$$

式中：f_{cc}——混凝土立方体试件抗压强度，MPa；

P——破坏载荷，N；

A——试件承压面积，mm^2。

取 3 个试件测值的算术平均值作为该组试件的立方体强度代表值(精确至 0.1 MPa)。如果 3 个测值中的最大值或最小值中有一个与中间值的差异超过中间值的 15%，则把最大值和最小值一并舍去，取中间值作为该组试件的抗压强度代表值；如果最大值和最小值与中间值的差异均超过 15%，则该组试验结果无效。

抗压强度试验的标准立方体尺寸为 150 mm × 150 mm × 150 mm，用其他尺寸试件测得的抗压强度值均应乘以相应换算系数。

5.4.2　混凝土劈裂抗拉强度试验

1. 试验目的

间接测定混凝土的抗拉性能，作为确定混凝土强度等级和调整配合比的依据。

2. 主要仪器设备

(1)压力试验机或万能试验机。其测量精度为 ±1%，试验时由试件最大荷载选择压力机量程，使试件破坏时的荷载位于全量程的 20% ~ 80% 范围以内。

(2)其他设备：钢垫板、试模、标准养护箱(室)、振动台、捣棒、小铁铲、金属直尺、镘刀等，其中钢垫块及支架示意图如图 5 - 14 和 5 - 15 所示。

采用 150 mm × 150 mm × 150 mm 立方体标准试件，制作和养护方法同混凝土抗压强度试件。

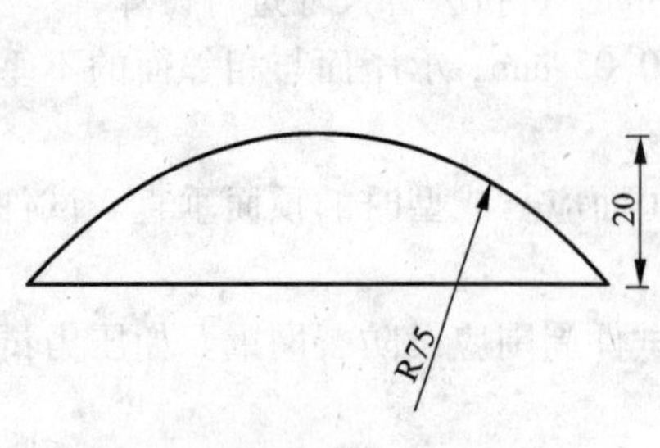

图 5－14 钢垫块(单位: mm)

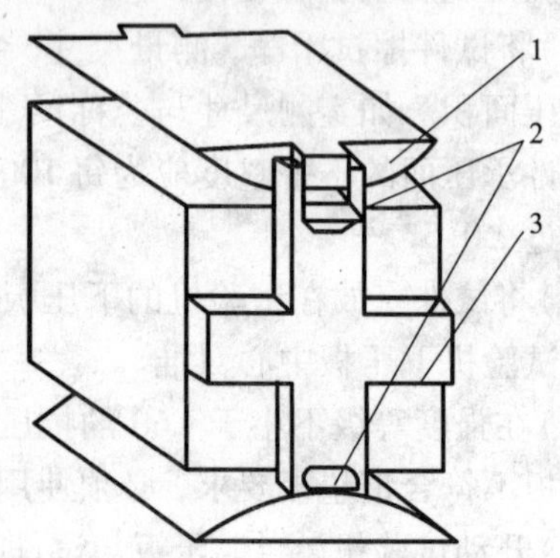

图 5－15 支架示意图

1—上压板(钢垫块); 2—固定夹具; 3—下压板(钢垫块)

4. 试验步骤

(1)从养护室将混凝土试件取出，将试件表面水分等擦干，并将上下承压板表面清除干净。

(2)测量试件劈裂面边长(精确至1 mm)，计算出劈裂面面积。

(3)将试件放在试验机下压板的中心位置，劈裂承压面和劈裂面与试件成型时的顶面垂直；在上、下压板与试件之间垫以圆弧形垫板及垫块各一条，垫块与垫条应与试件上、下面的中心线对准并与成型时的顶面垂直，或者可以把垫条及试件安装在定位架上使用。

(4)启动压力机，连续均匀地加载，加载速率为：当混凝土强度等级低于 C30 时，以0.02～0.05 MPa/s 的速度连续而均匀地加荷；当混凝土强度等级不低于 C30 时，以 0.05～0.08 MPa/s 的速度连续而均匀地加荷，当上压板与试件接近时，调整球座使接触均衡，当试件接近破坏时，应停止调整油门，直至试件破坏，记下破坏荷载，准确至 0.01 kN；

5. 测定结果

计算劈裂抗拉强度f_{ts}(精确到 0.01 MPa)：

$$f_{ts}=0.637F/A \tag{5-7}$$

式中：f_{ts}——混凝土劈裂抗拉强度，MPa；

F——极限破坏荷载，N；

A——劈裂面面积，mm^2。

以 3 个试件劈裂抗拉强度的算术平均值作为该组试件的劈裂抗拉强度测定等级。异常数据取舍与抗压强度相同。

5.4.3 混凝土抗折强度试验

1. 试验目的

测定混凝土的抗折性能，作为确定混凝土强度等级和调整配合比的依据。

2. 主要仪器设备

(1)压力试验机或万能试验机。其测量精度为±1%，试验时由试件最大荷载选择压力机量程，使试件破坏时的荷载位于全量程的 20%～80% 范围内。

(2)其他设备：钢垫板、试模、标准养护室、振动台、捣棒、小铁铲、金属直尺、镘刀等。

3. 试件制备

采用 150 mm×150 mm×550 mm 的棱柱体标准试件，制作和养护方法同混凝土抗压强度试件。

4. 试验步骤

(1)从养护室将混凝土试件取出，将试件表面擦干。

(2)按图 5－16 所示的安装试件，安装尺寸偏差不得大于 1 mm。试件的承压面应为试件的侧面(非成型面)。支座及承压面与圆柱的接触面应平稳、均匀，否则应垫平。

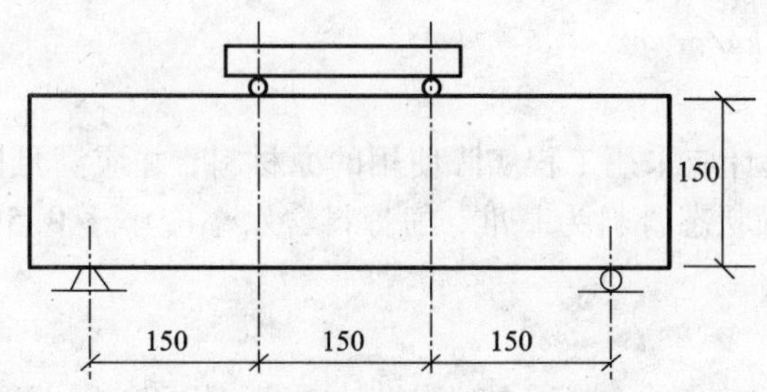

图 5－16　混凝土抗折试验装置

(3)启动压力机，施加荷载应连续、均匀。加载速率为：当混凝土强度等级低于 C30 时，以 0.02～0.05 MPa/s 的速度连续而均匀地加荷；当混凝土强度等级不低于 C30 时，以 0.05～0.08 MPa/s 的速度连续而均匀地加荷。当试件接近破坏时，应停止调整油门，直至试件破坏，记下破坏荷载。

(4)记录试件破坏荷载的试验机示值及试件下边缘断裂位置。

5. 测定结果

计算抗折强度 f_f(MPa)按照公式(5－8)进行(精确到 0.1 MPa)：

$$f_f = \frac{Fl}{bh^2} \tag{5-8}$$

式中：f_f——混凝土拉折强度，MPa；

F——极限破坏荷载，N；

l——支座间跨距，mm；

h——试件截面高度，mm；

b——试件截面宽度，mm。

以 3 个试件劈裂抗拉强度的算术平均值作为该组试件的劈裂抗拉强度测定等级。异常数据取舍与抗压强度相同。三个试件中若有一个折断面位于两个集中荷载之外，则混凝土抗折强度值按另外两个试件的试验结果计算。

当采用 100 mm×100 mm×400 mm 的非标准试件时，应乘以 0.85 的尺寸换算系数。

5.5 混凝土配合比设计试验

1. 试验目的与要求

了解混凝土配合比设计的方法，培养综合设计试验能力；熟悉混凝土拌和物的和易性和混凝土强度试验方法。

根据提供的工程条件和原材料，结合试验设计出符合工程要求的混凝土配合比。

2. 适用范围

工业与民用建筑、一般构筑物以及道路工程所采用的普通混凝土配合比设计，混凝土干表观密度为 2000 ~ 2800 kg/m^3。

3. 基本原则

(1)混凝土配合比设计应采用工程实际使用的原材料，并应满足国家现行标准的有关要求；配合比设计应以干燥状态骨料为基准，细骨料含水率应小于0.5%，粗骨料含水率应小于0.2%。

(2)最大水胶比。

混凝土的最大水胶比应符合《混凝土结构设计规范》GB50010—2010 的规定。

《混凝土结构设计规范》对不同环境条件的混凝土最大水胶比做了规定，如表 5 - 3 和表 5 - 4所示。

(3)混凝土的最小胶凝材料用量应符合表 5 - 5 的规定，C15 及其以下强度等级的混凝土，可不受表 5 - 5 的限制。

表 5 - 3 混凝土结构环境类别

环境类别		条 件
一		室内正常环境
二	a	室内潮湿环境； 非严寒和非寒冷地区的露天环境、与无侵蚀性的水或土壤直接接触的环境
	b	严寒和寒冷地区的露天环境、与无侵蚀性的水或土壤直接接触的环境
三		使用除冰盐的环境；严寒和寒冷地区冬季水位变动的环境；滨海室外环境
四		海水环境
五		受人为或自然的慢蚀性物质影响的环境

表 5 - 4 混凝土最大水灰比要求

环境类别	一	二 (a)	二 (b)	三
最大水灰比	0.65	0.60	0.55	0.50

表5-5　混凝土最小胶凝材料用量

最大水灰比	最小胶凝材料用量（kg/m^3）		
	素混凝土	钢筋混凝土	预应力钢筋混凝土
0.6	250	280	300
0.55	280	300	300
0.5	320		
≤0.45	330		

（4）矿物掺和料在混凝土中的掺量应通过试验确定。钢筋混凝土中矿物掺和料最大掺量宜符合表5-6的规定。

表5-6　钢筋混凝土中矿物掺和料最大掺量

矿物掺和料种类	水胶比	最大掺量（%）	
		采用硅酸盐水泥时	采用普通硅酸盐水泥时
粉煤灰	≤0.45	45	35
	>0.40	40	30
粒化高炉矿渣	≤0.40	65	55
	>0.40	55	45
钢渣粉	—	30	20
磷渣粉	—	30	20
硅灰	—	10	10
复合掺和料	≤0.40	65	55
	>0.40	55	45

（5）混凝土拌和物中水溶性氯离子最大含量应符合表5-7的要求。混凝土拌和物中水溶性氯离子含量应按照现行的行业标准《水运工程混凝土试验规程》JTJ 270中混凝土拌和物中氯离子含量的快速测定方法进行测定。

表5-7　混凝土拌和物中水溶性氯离子最大含量

环境条件	水溶性氯离子最大含量（%，水泥用量的质量百分比）		
	钢筋混凝土	预应力混凝土	素混凝土
干燥环境	0.30	0.06	1.00
潮湿环境不含氯离子环境	0.20		
潮湿环境且含氯离子、盐渍土的环境	0.10		
除冰盐等侵蚀性物质的腐蚀环境	0.06		

(6)长期处于潮湿或水位变动的寒冷和严寒环境，以及盐冻环境的混凝土应掺用引气剂。引气剂掺量应根据混凝土含气量要求经试验确定；掺用引气剂的混凝土最小含气量应符合表5－8的规定，最大不宜超过7.0%。

表5－8 混凝土最小含气量

粗骨料最大公称粒径(mm)	混凝土最小含气量(%)	
	潮湿或水位变动的寒冷和严寒环境	盐冻环境
40.0	4.5	5.0
25.0	5.0	5.5
20.0	5.5	6.0

4. 混凝土配制强度的确定

(1)当混凝土的设计强度等级小于C60时，配制强度应按式(5－9)计算：

$$f_{cu,0} \geqslant f_{cu,k} + 1.645\sigma \tag{5-9}$$

式中：$f_{cu,0}$——混凝土配制强度(MPa)；

$f_{cu,k}$——混凝土立方体抗压强度标准值，这里指混凝土设计强度等级值(MPa)；

σ——混凝土强度等级标准值(MPa)。

(2)当设计强度等级不小于C60时，配制强度应按式(5－10)计算：

$$f_{cu,0} \geqslant 1.15 f_{cu,k} \tag{5-10}$$

(3)混凝土强度标准差应按照下列规定确定：

当具有近1～3个月的同一品种、同一强度等级混凝土的强度资料时，其混凝土强度标准差σ应按式(5－11)计算：

$$\sigma = \sqrt{\frac{\sum_{i=1}^{n} f_{cu,i}^2 - n m_{fcu}^2}{n-1}} \tag{5-11}$$

式中：σ——混凝土强度等级标准值(MPa)；

$f_{cu,i}$——第i组混凝土试件强度(MPa)；

m_{fcu}——n组试件强度平均值(MPa)；

n——试件组数。

对于强度等级不大于C30的混凝土：当σ计算值不小于3.0 MPa时，应按照计算结果取值；当σ计算值小于3.0 MPa时，σ应取3.0 MPa。

对于强度等级大于C30且不大于C60的混凝土：当σ计算值不小于4.0 MPa时，应按照计算结果取值；当σ计算值小于4.0 MPa时，σ应取4.0 MPa。

5. 混凝土配合比计算

(1)水胶比。

①混凝土强度等级不大于C60等级时，混凝土水胶比宜按式(5－12)计算：

$$W/B = \frac{\alpha_a / f_b}{f_{cu,0} + \alpha_a / \alpha_b / f_b} \tag{5-12}$$

式中：W/B——混凝土水胶比；

α_a/α_b——回归系数，碎石0.53/0.20，卵石0.49/0.13；

f_b——胶凝材料28d胶砂抗压强度，MPa。

②当胶凝材料28d胶砂抗压强度无实测值时，可按式(5-13)计算：

$$f_b = \gamma_f \cdot \gamma_s \cdot f_{ce} \tag{5-13}$$

式中：γ_f、γ_s——粉煤灰影响系数和粒化高炉矿渣粉(slag)影响系数(表5-7)；

f_{ce}——水泥28d胶砂抗压强度，MPa。

表5-9 粉煤灰影响系数(γ_f)和高炉矿渣粉影响系数(γ_s)

掺量(%)	粉煤灰影响系数(γ_f)	高炉矿渣粉影响系数(γ_s)
0	1.00	1.00
10	0.85~0.95	1.00
20	0.75~0.85	0.95~1.00
30	0.65~0.75	0.95~1.00
40	0.55~0.65	0.80~.090
50	—	0.70~0.85

③当水泥28d胶砂抗压强度无实测值时，f_{ce}值可按式(5-14)计算：

$$f_{ce} = \gamma_c \cdot f_{ce,g} \tag{5-14}$$

式中：γ_c——水泥强度等级值的富余系数，可按实际统计资料确定；缺乏统计资料时，可按照表5-10取值；

$f_{ce,g}$——水泥强度等级值，MPa。

表5-10 水泥强度等级值的富余系数(γ_c)

水泥强度等级值	32.5	42.5	52.5
富余系数	1.12	1.16	1.10

(2)用水量和外加剂用量。

①每立方米干硬性或塑性混凝土的用水量(m_{w0})应符合下列规定：

②混凝土水胶比在0.40~0.80范围时，可按表5-11和5-12选取值；

③混凝土水胶比小于0.40时，可通过试验确定。

表 5-11 干硬性混凝土的用水量(kg/m³)

拌和物稠度		卵石最大粒径(mm)			碎石最大粒径(mm)		
项目	指标	10	20	40	16	20	40
维勃稠度(s)	16~20	175	160	145	180	170	155
	11~15	180	165	150	185	175	160
	5~10	185	170	155	190	180	165

表 5-12 塑性混凝土的用水量(kg/m³)

拌和物稠度		卵石最大粒径(mm)				碎石最大粒径(mm)			
项目	指标	10	20	31.5	40	16	20	31.5	40
坍落度(mm)	10~30	190	170	160	150	200	185	175	165
	35~50	200	180	170	160	210	195	185	175
	55~70	210	190	180	170	220	205	195	185
	75~90	215	195	185	175	230	215	205	195

注：①本表用水量系采用中砂时的平均取值。采用细砂时，每立方米混凝土用水量可增加 5~10 kg；采用粗砂时则可减少 5~10 kg。

②掺用各种外加剂或掺和料时，用水量应相应调整。

②掺外加剂时，每立方米流动性或大流动性混凝土的用水量(m_{w0})可按式(5-15)计算：

$$m_{w0}=m_{w0'}(1-\beta) \tag{5-15}$$

式中：m_{w0}——计算配合比每立方米混凝土的用水量，kg；

$m_{w0'}$——未掺外加剂时推定的满足实际坍落度要求的每立方米混凝土用水量，kg；

β——外加剂的减水率(%)，应经混凝土试验确定。

③每立方米混凝土中外加剂用量(m_{a0})应按式(5-16)计算：

$$m_{a0}=m_{b0}\beta_a \tag{5-16}$$

式中：m_{a0}——计算配合比每立方米混凝土中外加剂用量，kg；

m_{b0}——计算配合比每立方米混凝土中胶凝材料用量，kg；

β_a——外加剂掺量(%)，应经混凝土试验确定。

(3)胶凝材料、矿物掺和料和水泥用量。

①每立方米混凝土的胶凝材料用量(m_{b0})应按式(5-17)计算，并应进行试拌调整，在拌和物性能满足的情况下，取经济合理的胶凝材料用量。

$$m_{b0}=\frac{m_{w0}}{W/B} \tag{5-17}$$

式中：m_{b0}——计算配合比每立方米中胶凝材料用量，kg/m³；

m_{w0}——计算配合比每立方米混凝土的用水量，kg/m³；

W/B——胶凝材料水胶比。

②每立方米混凝土的矿物掺和料用量(m_{f0})应按式(5-18)计算：

$$m_{f0}=m_{b0}\beta_f \tag{5-18}$$

式中：m_{f0}——计算配合比每立方米中矿物掺和料用量，kg/m^3；

β_f——矿物掺和料掺量，%。

③每立方米混凝土的水泥用量(m_{c0})应按式(5－19)计算：

$$m_{c0}=m_{b0}-m_{f0} \tag{5-19}$$

式中：m_{c0}——计算配合比每立方米混凝土中水泥用量，kg/m^3。

(4)砂率。

①砂率应根据骨料的技术指标、混凝土拌和物性能和施工要求，参考既有历史资料确定。

②当缺乏砂率的历史资料可参考时，混凝土砂率的确定应符合下列规定：

ⓐ坍落度小于10 mm的混凝土，其砂率应经试验确定。(干硬性混凝土)

ⓑ坍落度为10～60 mm的混凝土，其砂率可根据粗骨料品种、最大公称粒径及水胶比按表5－13选取。

ⓒ坍落度大于60 mm的混凝土，其砂率可经试验确定，也可在表5－13的基础上，按坍落度每增大20 mm、砂率增大1%的幅度予以调整。

表5－13　混凝土的砂率(%)

水胶比	卵石最大公称粒径(mm)			碎石最大公称粒径(mm)		
	10.0	20.0	40.0	16.0	20.0	40.0
0.40	26～32	25～31	24～30	30～35	29～34	27～32
0.50	30～35	29～34	38～33	33～38	32～37	30～35
0.60	33～38	32～37	32～36	36～41	35～40	33～38
0.70	36～41	35～40	34～39	39～44	38～43	36～41

(4)粗、细骨料。

①采用质量法计算粗、细骨料用量时，应按公式(5－20)计算，砂率应按照(5－21)计算：

$$m_{f0}+m_{c0}+m_{g0}+m_{s0}+m_{w0}=m_{cp} \tag{5-20}$$

$$\beta_s=\frac{m_{s0}}{m_{g0}+m_{s0}}\times100\% \tag{5-21}$$

式中：m_{g0}——计算配合比每立方米混凝土的粗骨料用量，kg/m^3；

m_{s0}——计算配合比每立方米混凝土的细骨料用量，kg/m^3；

β_s——砂率(%)；

m_{cp}——每立方米混凝土拌和物的假定质量(kg)，可取2350～2450 kg/m^3。

②采用体积法计算粗、细骨料用量时，应按公式(5－22)计算：

$$\frac{m_{c0}}{\rho_c}+\frac{m_{f0}}{\rho_f}+\frac{m_{g0}}{\rho_g}+\frac{m_{s0}}{\rho_s}+\frac{m_{w0}}{\rho_w}+0.01\alpha=1 \tag{5-22}$$

式中：ρ_c——水泥密度，kg/m^3；

ρ_f——矿物掺和料密度，kg/m^3；

ρ_g——粗骨料表观密度，kg/m^3；

ρ_s——细骨料表观密度，kg/m^3；

ρ_w——水的密度（kg/m^3），可取1000 kg/m^3；

α——混凝土含气量百分数，可取1。

6. 混凝土配合比的试配、调整与确定

(1)试配。

每盘混凝土试配的最小搅拌量应符合相关规定，并不应小于搅拌机额定搅拌量的1/4。

首先试拌。宜保持计算水胶比不变，以节约胶凝材料为原则，调整胶凝材料用量、用水量、外加剂用量和砂率等，直到混凝土拌和物性能符合设计和施工要求，然后修正计算配合比，提出试拌配合比。应在试拌配合比的基础上，进行混凝土强度试验，并应符合下列规定：

应至少采用三个不同的配合比，其中一个应为试拌配合比，另外两个配合比的水胶比宜较试拌配合比分别增加和减少0.05（当水灰比较低时，增加或减少0.02），用水量应与试拌配合比相同，砂率可分别增加和减少1%。外加剂掺量也做减少和增加的微调。进行混凝土强度试验时，标准养护到28d或设计规定龄期时试压，最终应满足标准养护28d或设计规定龄期的强度要求。

(2)配合比的调整与确定。

通过绘制强度和胶水比关系图，按线性比例关系，采用略大于配制强度的强度对应的胶水比做进一步配合比调整偏于安全。也可以直接采用前述至少3个水胶比混凝土强度试验中一个满足配制强度的胶水比做进一步配合比调整，虽然相对比较简明，但有时可能强度富余较多，经济代价略高。

思考与练习

1. 道路用水泥的性能指标有哪些？如何测试？

2. 简述混凝土坍落度的测试步骤。

3. 混凝抗折强度如何测试？为什么路面混凝土常采用混凝土抗折强度作为评价指标？

4. 某一级公路路面采用水泥混凝土，路面混凝土抗折设计强度不低于4.5 MPa，抗压强度设计强度不低于35.0 MPa，要求强度保证率95%。该施工单位无历史统计资料。施工要求坍落度为30～50 mm，施工现场混凝土由机械搅拌，机械振捣。试验室提供普通42.5水泥（密度3.14 kg/m^3）、II区河砂（含水率0.5%，密度2.64 kg/m^3）、5～31.5mm连续级配卵石（含水率为0.1%，密度2.69 kg/m^3）、自来水、减水剂（减水率12.6%）。请设计该混凝土配合比。

第 6 章

公路工程现场试验与检测技术

6.1　压实度试验检测

6.1.1　压实度定义

路基、路面压实质量是道路工程施工质量管理最重要的内在指标之一，只有对路基、路面结构层进行充分压实，才能保证路基路面的强度、刚度及平整度，并可以保证及延长路基、路面工程的使用寿命。

现场压实质量用压实度表示，对于路基土及路面基层，压实度是指工地实际达到的干密度与室内标准击实试验所得的最大干密度的比值；对沥青路面，压实度是指现场实际达到的密度与室内标准密度的比值，见公式(6－1)：

$$压实度=干密度/最大干密度\times 100\% \tag{6-1}$$

6.1.2　压实度检测方法

常见的测定土的最大干密度的方法有击实法、振动台法、表面振动压实仪法。各方法的特点是：击实法适合于细粒土及粗粒土，试验过程方便；后两种方法适合于测定无黏性自由排水粗粒土及巨粒土，或者适用于通过 0.074 mm 标准筛的干颗粒质量百分率不大于 15% 的粗粒土及巨粒土，振动台法与表面振动压实仪法从试验原理上有所差别，前者是整个土样同时受到垂直方向的振动作用，后者是振动作用自土体表面垂直向下传递的。

路基路面现场测定压实度的方法主要有以下几种。

6.1.2.1　挖坑灌砂法测定压实度试验方法

1. 目的与适用范围

本实验适用于在现场测定基层(或底基层)、砂石路面及路基土的各种材料压实层的密度和压实度检测，但不适用于填石路堤等有大空洞或大孔隙的材料压实度检测。

用挖坑灌砂法测定密度和压实度时，应符合下列规定：

(1)当集料的最大粒径小于 13.2，测定层的厚度不超过 150 mm 时，宜采用 ϕ100 mm 的小型灌砂筒测试。

(2)当集料的最大粒径不小于 13.2 mm，但不大于 31.5 mm，测定层的厚度不超过 200 mm 时，应用 ϕ150 mm 的大型灌砂筒测试。

2. 试验仪具与材料

(1)灌砂筒；

(2)金属标定罐；

(3)基板；

(4)玻璃板；

(5)试样盘；

(6)天平或台秤；

(7)含水量测定器具；

(8)量砂；

(9)盛砂的容器；

(10)其他。

3. 试验方法与步骤

(1)标定筒下部圆锥体内砂的质量。

①在灌砂筒筒口高度上，向灌砂筒内装砂至距筒顶15 mm左右为止。称取装入筒内砂的质量 m_1，准确至1 g。以后每次标定及试验都应该维持装砂高度与质量不变。

②将开关打开，让砂自由流出，并使流出砂的体积与工地所挖试坑内的体积相当(可等于标定灌的容积)，然后关上开关，称灌砂筒内剩余砂质量，准确至1 g。

③不晃动储砂筒的砂，轻轻地将灌砂筒移至玻璃板，将开关打开，让砂流出，直到筒内砂不再下流时，将开关关上，并小心地取走灌砂筒。

④收集并称量留在板上的砂或称量筒内的砂，准确至1 g。玻璃板上的砂就是填满锥体的砂(m_2)。

⑤重复上述测量三次，取其平均值。

(2)标定量砂的单位质量。

①用水确定标定罐的容积，准确至1 mL。

②在储砂筒中装入质量为 m_1 的砂，并将灌砂筒放在标定罐上，将开关打开，让砂流出，在整个流砂过程中，不要碰动灌砂筒，直到砂不再下流时，将开关关闭。取下灌砂筒，称取筒内剩余砂的质量 m_3，准确至1 g。

③按式(6-2)计算填满标定罐所需砂的质量：

$$m_a = m_1 - m_2 - m_3 \tag{6-2}$$

式中：m_a——标定罐中砂的质量，g；

m_1——装入灌砂筒内的砂的总质量，g；

m_2——灌砂筒下部圆锥体内砂的质量，g；

m_3——灌砂入标定罐后，筒内剩余砂的质量，g。

④重复上述测量三次，取其平均值。

⑤按式(6-3)计算量砂的单位质量 γ_s：

$$\gamma_s = m_a / V \tag{6-3}$$

式中：γ_s——量砂的单位质量，g/cm³；

V——标定罐的体积，g/cm³。

(3)试验步骤。

①在试验地点，选一块平坦表面，并将其清扫干净，其面积不得小于基板面积。

②将基板放在平坦表面上。当表面的粗糙度较大时，则将盛有量砂(m_5)的灌砂筒放在

基板中间的圆孔上，将灌砂筒的开关打开，让砂流入基板的中孔内，直到储砂筒内的砂不再下流时关闭开关。取下灌砂筒，并称量筒内砂的质量(m_6)，准确至1 g。当需要检测厚度时，应先测量厚度后再进行这一步骤。

③取走基板，并将留在试验地点的量砂收回，重新将表面清扫干净。

④将基板放回清扫干净的表面上(尽量放在原处)，沿基板中孔凿洞(洞的直径与灌砂筒一致)。在凿洞过程中，应注意勿使凿出的材料丢失，并随时将凿出的材料取出装入塑料袋中，不使水分蒸发，也可放在大试样盒内。试洞的深度应等于测定层厚度，但不得有下层材料混入，最后将洞内的全部凿松材料取出。对土基或基层，为防止试样盘内材料的水分蒸发，可分几次称取材料的质量全部取出材料的总质量 m_w，准确至1 g。

⑤从挖出的全部材料中取出有代表性的样品，放在铝盒或洁净的搪瓷盘中，测定其含水量 ω(以%计)。样品的数量如下：用小灌砂筒测定时，对于细粒土，不少于100 g；对于各种中粒土，不少于500 g。用大灌砂筒测定时，对于细粒土，不少于200 g；对于各种中粒土，不少于1000 g；对于粗粒土或水泥、石灰、粉煤灰等无机结合料稳定材料，宜将取出的全部材料烘干，且不少于2000 g，称其质量(m_d)，准确至1 g。当为沥青表面处治或沥青灌入结构类材料时，则省去测定含水量步骤。

⑥将基板安放在试坑上，将灌砂筒安放在基板中间(储砂筒内放满砂到要求质量 m_1)，使灌砂筒的下口对准基板的中孔及试洞，打开灌砂筒的开关，让砂流入试坑内。在此期间，应注意勿碰动灌砂筒。直到储砂筒内的砂不再下流时，关闭开关。小心取走灌砂筒，并称量筒内剩余砂的质量(m_4)，准确到1 g。

⑦如清扫干净的平坦表面的粗糙度不大，也可省去上述②和③的操作。在试洞挖好后，将灌砂筒直接对准放在试坑上，中间不需要放基板。打开筒的开关，让砂流入试坑内。在此期间，应注意勿碰动灌砂筒。直到储砂筒内的砂不再下流时，关闭开关，小心取走灌砂筒，并称量剩余砂的质量(m'_4)，准确至1 g。

⑧仔细取出试筒内的量砂，以备下次试验时再用，若量砂的湿度已发生变化或量砂中混有杂质，则应该重新烘干、过筛，并放置一段时间，使其与空气的湿度达到平衡后再用。

4. 数据整理

(1)按下式计算填满试坑所用的砂的质量 m_b，见公式(6-4)、(6-5)：

灌砂时，试坑上放有基板时：

$$m_b = m_1 - m_4 - (m_5 - m_6) \tag{6-4}$$

灌砂时，试坑上不放基板时：

$$m_b = m_1 - m'_4 - m_2 \tag{6-5}$$

式中：m_b——填满试坑的砂的质量，g；

m_1——灌砂前灌砂筒内砂的质量，g；

m_2——灌砂筒下部圆锥内砂的质量，g；

m_4，m'_4——灌砂后，灌砂筒内剩余砂的质量，g；

$(m_5 - m_6)$——灌砂筒下部圆锥体内及基板和粗糙表面间砂的合计质量，g。

(2)按式(6-6)计算试坑材料的湿密度 ρ_w(g/cm^3)：

$$\rho_w = m_w \times \gamma_s / m_b \tag{6-6}$$

式中：m_w——试坑中取出的全部材料的质量，g；

γ_s——量砂的单位质量，g/cm³。

(3)按式(6-7)计算试坑材料的干密度ρ_d(g/cm³)：

$$\rho_d=\rho_w/(1+0.01\omega) \tag{6-7}$$

式中：ω——试坑材料的含水量，%。

(4)水泥、石灰、粉煤灰等无机结合料稳定土，可按式(6-8)计算密度ρ_d(g/cm³)：

$$\rho_d=m_d\times\gamma_s/m_b \tag{6-8}$$

式中：m_d——试坑中取出的稳定土的烘干质量，g。

(5)按式(6-9)计算施工压实度：

$$K=\frac{\rho_d}{\rho_c}\times 100\% \tag{6-9}$$

式中：K——测试地点的施工压实度（%）；

ρ_d——试样的干密度（g/cm³）；

ρ_c——由击实试验得到的试样的最大干密度（g/cm³）。

当试坑材料组成与击实试验的材料有较大差异时，可以试坑材料做标准击实，求取实际的最大干密度。

6.1.2.2 环刀法测定压实度试验方法

本方法适用于细粒土及无机结合料稳定细粒土的密度。但对于无机结合料稳定的细粒土，其龄期不宜超过2 d，且适用于施工过程中的压实度检验。

1. 目的和适用范围

本方法规定在公路工程现场用环刀法测定土基及路面材料的密度及压实度。本方法适用于细粒土及无机结合料稳定细粒土的密度。但对无机结合料稳定细粒土，其龄期不宜超过2 d，且宜用于施工过程中的压实度检验。

2. 仪具与材料

本试验需要下列仪具与材料：

(1)人工取土器：包括环刀、环盖、定向筒和击实锤系统(导杆、落锤、手柄)。环刀内径6~8 cm，高2~3 cm，壁厚1.5~2 mm。

(2)电动取土器：由底座、行走轮、立柱、齿轮箱、升降机构、取芯头等组成。

(3)天平：感量0.1 g(用于取芯头内径小于70 mm样品的称量)，或1.0 g(用于取芯头内径100 mm样品的称量)。

(4)其他：镐、小铁锹、修土刀、毛刷、直尺、钢丝锯、凡士林、木板及测定含水量设备等。

3. 方法与步骤

(1)按有关试验方法对检测试样用同种材料进行击实试验，得到最大干密度及最佳含水量。

(2)用人工取土器测定黏性土及无机结合料稳定细粒土密度的步骤：

①擦净环刀，称取环刀质量m_2，准确至0.1 g。

②在试验地点，将面积约30 cm×30 cm的地面清扫干净，并将压实层铲表面浮动及不平整的部分，达一定深度，使环刀打下后，能达到要求的取土深度，但不得将下层扰动。

③将定向筒齿钉固定于铲平的地面上，顺次将环刀、环盖放入定向筒内与地面垂直。

④将导杆保持垂直状态，用取土器落锤将环刀打入压实层中，至环盖顶面与定向筒上口齐平为止。

⑤去掉击实锤和定向筒，用镐将环刀试样挖出。

⑥轻轻取下环盖，用修土刀自边至中削去环刀两端余土，用直尺检测直至修平为止。

⑦擦净环刀壁，用天平称取出环刀及试样合计质量 m_1，准确至0.1 g。

⑧自环刀中取出试样，取具有代表性的试样，测定其含水量(w)。

(3)用人工取土器测定砂性土或砂层密度时的步骤：

①如为湿润的砂土，试验时不需要使用击实锤和定向筒。在铲平的地面上，细心挖出一个直径较环刀外径略大的砂土柱，将环刀刃口向下，平置于砂土柱上，用两手平稳地将环刀垂直压下，直至砂土柱突出环刀上端约2 cm时为止。

②削掉环刀口上的多余砂土，并用直尺刮平。

③在环刀口上盖一块平滑的木板，一手按住木板，另一手用小铁锹将试样从环刀底部切断，然后将装满试样的环刀反转过来，削去环刀刃口上的多余砂土，并用直尺刮平。

④擦净环外壁，称环刀与试样合计质量(m_1)，准确至0.1 g。

⑤自环刀中取具有代表性的试样测定其含水量。

⑥干燥的砂土不能挖成砂土柱时，可直接将环刀压入或打入土中。

(4)用电动取土器测定无机结合料细土和硬塑土密度的步骤：

①装上所需规格的取芯头。在施工现场取芯前，选择一块平整的路段，将四只行走轮打起，四根定位销钉采用人工加压的方法，压入路基土层中。松开锁紧手柄，旋动升降手轮，使取芯头刚好与土层接触，锁紧手柄。

②将电瓶与调速器接通，调速的输出端接入取芯机电源插口。指示灯亮，显示电路已通；启动开关，电动机工作，带动取芯机构转动。根据土层含水量调节转速，操作升降手柄，上提取芯机构，停机，移开机器。由于取芯头圆筒外表有几条螺旋状突起，切下的土屑排在筒外顺螺纹上旋抛出地表，因此，将取芯筒套在切削好的土芯立柱上，摇动即可取出样品。

③取出样品，立即按取芯套长度用修土刀或钢丝锯修平两端，制成所需规格土芯，如拟进行其他试验项目，装入铝盒，放试验室备用。

④用天平称量土芯带套筒质量 m_1，从土芯中心部分取试样测定含水量。

(5)本试验须进行两次平行测定，其平行差值不得大于0.03 g/cm³，求其算术平均值。

4. 计算

计算试样的湿度及干密度，见公式(6-10)和式(6-11)：

$$\rho = 4(m_1 - m_2)/(\pi \times d^2 \times h) \tag{6-10}$$

$$\rho_d = \rho/(1 + 0.01w) \tag{6-11}$$

式中：ρ——试样的湿密度(g/cm³)；

ρ_d——试样的干密度(g/cm³)；

m_1——环刀或取芯套筒与试样合计质量(g)；

m_2——环刀或取芯套筒质量(g)；

d——环刀或取芯套筒直径(cm)；

h——环刀或取芯套筒高度(cm)；

w——试样的含水量(%)。

计算施工压实度，见公式(6－12)：

$$K=\frac{\rho_d}{\rho_c}\times 100\% \quad (6-12)$$

式中：K——测试地点的施工压实度，%；

ρ_d——试样的干密度，g/cm³；

ρ_c——由击实试验得到的试样的最大干密度，g/cm³。

6.1.2.3 钻芯法测定沥青面层压实度试验方法

压实度的大小取决于实测的压实度密度，同样也与标准密度的大小有关。有些工程在压实度达不到要求时便重新进行马歇尔试验，调整标准密度，只要把标准密度做小一些，压实度就高了，如果再把不合格的数据随意舍弃，那么钻孔试件的压实度数据将失去价值。

1. 目的与使用范围

沥青混合料面层的压实度是按施工规范规定的方法测定的混合料试样的毛体积密度与标准密度之比值，以百分率表示。本方法适用于检验从压实的沥青路面上钻取的沥青混合料芯样试件的密度，以评定沥青面层施工的压实度。

2. 仪具与材料技术要求

本方法需要下列仪具与材料：

(1)路面取芯钻机；

(2)天平：感量不大于 0.1 g；

(3)水槽；

(4)吊篮；

(5)石蜡；

(6)其他：卡尺、毛刷、小勺、取样袋(容器)、电风扇。

3. 方法与步骤

(1)钻取芯样。

按《公路路基路面现场测试规程》(JTG E60—2008)“T 0901 取样方法”钻取路面芯样，芯样直径不宜小于 ϕ100 mm。当一次钻孔取得的芯样包含有不同层位的沥青混合料时，应根据结构组合情况用切割机将芯样沿各层结合面锯开分层进行测定。钻孔取样应在路面完全冷却后进行，对普通沥青路面通常在第二天取样，对改性沥青及 SMA 路面宜在第三天以后取样。

(2)测定试件密度。

①将钻取的试件在水中用毛刷轻轻刷净黏附的粉尘。如试件边角有浮松颗粒，应仔细清除。

②将试件晾干或电风扇吹干不少于 24 h，直至恒重。

③按现行《公路工程沥青混合料试验规程》(JTJ052)的沥青混合料试件密度试验方法测定试件密度 ρ_s。通常情况下采用表干法测定试件的毛体积相对密度；对吸水率大于 2% 的试件，宜采用蜡封法测定试件的毛体积相对密度；对吸水率小于 0.5% 特别致密的沥青混合料，在施工质量检验时，允许采用水中重法测定表观相对密度。

4. 计算

采用最大理论密度时，沥青面层的压实度按下式计算，见公式(6－13)：

$$K = \frac{\rho_s}{\rho_t} \times 100\% \quad (6-13)$$

式中：K——沥青层某一测定部位的压实度，%；

ρ_s——沥青混合料芯样试件的实际密度，g/cm^3；

ρ_t——沥青混合料最大理论密度，g/cm^3。

6.1.2.4　核子密度湿度仪测定压实度试验方法

目的与适用范围：

(1)本方法适用于现场用核子密度湿度仪以散射法或直接透射法测定路基或路面材料的密度和含水率，并计算施工压实度。

(2)核子密度湿度仪是现场检测压实度较常用的一种方法，仪器按规定方法标定后，其检测结果可以作为工程质量评定与验收的依据。本方法可以检测土、碎石、土石混合物、沥青混合材料和非硬化水泥混凝土等材料。

6.1.2.5　无核密度仪测定压实度试验方法

(1)本方法适用于现场无核密度仪快速测定沥青路面各层沥青混合料的密度，并计算施工压实度，但测定结果不宜用于评定验收或仲裁。

(2)无核密度仪是一种无损检测手段，鉴于其使用效果尚未经过足够验证，故目前其测定结果不宜用于评定验收或仲裁。

(3)无核密度仪可用于检测铺筑完工的沥青路面、现场沥青混合料铺筑层密度及快速检查混合料的离析。

(4)由于本试验可靠性需要反复对比和检测，故还没有普遍用于工程质量的检测，只能作为一种间接的检测手段。

6.1.3　压实度代表值计算

检验评定段的压实度代表值 K(算术平均值的下置信界限)，见公式(6-14)：

$$K = k - t_a / \sqrt{n \times S} \geqslant K_0 \quad (6-14)$$

式中：K——检验评定段内务测点压实度的平均值。

t_a——分布表中随测点数和保证率(或置信度 a)而变的系数；t_a 见《公路工程质量检验评定标准》JTG F80/1—2004 附录 B 中附表 B 采用的保证率：①高速公路、一级公路：基层、底基层为99%，路基、路面面层为95%；②其他公路：基层、底基层为95%，路基、路面面层为90%。

S——检测值的标准差。

n——检测点数。

K_0——压实度标准值。

6.2　回弹弯沉试验检测

6.2.1　定义

由回弹弯沉值来表现路基路面的承载能力，回弹弯沉值越大，承载能力越小，反之越大。

常说的回弹弯沉值是指标准后轴双轮组轮隙中心的最大回弹弯沉值。

弯沉值的几个概念：

(1)回弹变形，以0.01 mm为单位。

(2)弯沉：在标准轴载作用下，路基路面表面轮隙位置产生的总垂直变形(总弯沉)或回弹变形(回弹弯沉)：根据设计年限内一个车道上预测通过的累计当量轴次、公路等级、面层和基层类型确定的路面弯沉设计值。

(3)竣工验收弯沉值。

检验路面是否达到设计要求指标之一。当路面厚度计算以设计弯沉值为控制指标时，则验收弯沉值应等于设计弯沉值；当厚度计算以层底拉应力为控制指标时，应根据拉应力计算得到的结构厚度，重新计算路面弯沉值，该弯沉值即为竣工验收弯沉值。

6.2.2 弯沉值的测试方法

常见的测试弯沉的方法有贝克曼梁法、自动弯沉仪法、落锤式弯沉仪法。贝克曼梁法：是一种传统的方法，属于静态测试，比较成熟，目前是标准方法；其缺点是速度较慢。自动弯沉仪法：应用贝克曼梁原理快速连续测试，属于静态测试，测试的是总弯沉；应用贝克曼梁进行标定换算。落锤式弯沉仪法：利用重锤自由落下的瞬间产生的冲积荷载测定弯沉，属于动态弯沉，能反算路面的回弹模量，快速连续；应用贝克曼梁进行标定换算。

6.2.2.1 贝克曼梁测定路面弯沉试验方法

1. 目的及适用范围

(1)适用各类路基、路面的回弹弯沉，用以评定其整体承载能力。

(2)本方法测定的路基、沥青路面的回弹弯沉值可供交工和竣工验收使用。

(3)测试的路面回弹弯沉值可供公路养护管理部门制定养护计划。

(4)沥青路面的弯沉以标准温度为(20±2)℃，厚度大于5 cm的沥青路面，弯沉值要进行温度修正。

2. 仪具与材料技术要求

本试验需要下列仪具与材料：

(1)标准车：双轴、后轴双侧4轮的载重车，其标准轴荷载、轮胎尺寸、轮胎间隙及轮胎气压等主要参数应符合表6-1的要求。测试车可根据需要按公路等级选择，高速公路、一级及二级公路应采用后轴10 t的BZZ-100标准车；其他等级公路可采用后轴6 t的BZZ-60标准车。

表6-1 测定弯沉用的标准车参数

标准轴载等级	BZZ-100	BZZ-60
后轴标准轴载 P(kN)	100±1	60±1
一侧双轮荷载(kN)	50±0.5	30±0.5
轮胎充气压力(MPa)	0.70±0.05	0.50±0.05
单轮传压面当量圆直径(cm)	21.30±0.5	19.50±0.5
轮隙宽度	应满足能自由插入弯沉仪测头的测试要求	

(2)路面弯沉仪：由贝克曼梁、百分表及表架组成。贝克曼梁由合金铝制成，上有水准泡，其前臂(接触路面)与后臂(装百分表)长度比为2∶1。弯沉仪长度有两种：一种长3.6 m，前后臂分别为2.4 m和1.2 m；另一种加长的弯沉仪长5.4 m，前后臂分别为3.6 m和1.8 m。当在半刚性基层沥青路面或水泥混凝土路面上测定时，宜采用长度为5.4 m的贝克曼梁弯沉仪，并采用BZZ－100标准车。弯沉采用百分表量得，也可用自动记录装置进行测量。

(3)接触式路表温度计：端部为平头，分度不大于1℃。

(4)其他：皮尺、口哨、白油漆或粉笔、指挥旗等。

3. 试验方法

(1)准备工作。

①检查并保持测定用标准车的车况及刹车性能良好，轮胎内胎符合规定充气压力。

②向汽车车槽中装载(铁块或集料)，并用地磅称量后轴总质量，符合要求的轴重规定。汽车行驶及测定过程中，轴载不得变化。

③测定轮胎接地面积：在平整光滑的硬质路面上用千斤顶将汽车后轴顶起，在轮胎下方铺一张新的复写纸，轻轻落下千斤顶，即在方格纸印上轮胎印痕，用求积仪或数方格的方法测算轮胎接地面积，准确至0.1 cm^2。

④检查弯沉仪百分表测量灵敏情况。

⑤当在沥青路面上测定时，用路表温度计测定试验时气温及路表温度(一天中气温不断变化，应随时测定)，并通过气象台了解前5 d的平均气温(日最高气温与最低气温的平均值)。

⑥记录沥青路面修建或改建时的材料、结构、厚度、施工及养护等情况。

(2)测试步骤。

①在测试路段布置测点，其距离随测试需要而定。测点应在路面行车车道的轮迹带上，并用白油漆或粉笔画上标记。

②将试验车后轮轮隙对准测点后3～5 cm处的位置上。

③将弯沉仪插入汽车后轮之间的缝隙处，与汽车方向一致，梁臂不得碰到轮胎，弯沉仪测头置于测点上(轮隙中心前方3～5 cm处)并安装百分表于弯沉仪的测定杆上，百分表调零，用手轻轻叩打弯沉仪，检查百分表是否稳定归零。弯沉仪可以单侧测定，也可以双侧同时测定。

④测定者吹哨发令指挥汽车缓缓前进，百分表随路面变形的增加而持续向前转动。当表针转到最大值时，迅速读取初读数L_1。汽车仍在继续前进，表针反向回转，待汽车驶出弯沉影响半径(约3 m以上)后，吹口哨或挥动指挥红旗，汽车停止。待表针回转稳定后，再次读取终读数L_2。汽车前进的速度宜为5 km/h左右。

(3)弯沉仪的支点变形修正。

①当采用长度为3.6 m的弯沉仪对半刚性基层沥青路面、水泥混凝土路面等进行弯沉测定时，有可能引起弯沉仪支座处变形，因此测定时应检测支点有无变形。此时应用另一台检测用的弯沉仪安装在测定用弯沉仪的后方，其测点架于测定用弯沉仪的支点旁。当汽车开出时，同时测定两台弯沉仪的弯沉读数，如检测用弯沉仪百分表有读数，即应该记录并进行支点变形修正。当在同一结构层上测定时，可在不同位置测定5次，求取平均值，以后每次测定时以此作为修正值。

②当采用长度为 5.4 m 的弯沉仪测定时，可不进行支点变形修正。

4. 结果计算及温度修正

(1)路面测点的回弹沉值依式(6 – 15)计算：

$$L_T = (L_1 - L_2) \times 2 \quad (6-15)$$

式中：L_T——在路面温度 T 时的回弹弯沉值(0.01 mm)；

L_1——车轮中心临近弯沉仪测头时百分表的最大读数(0.01 mm)；

L_2——汽车驶出弯沉影响半径后百分表的终读数(0.01 mm)。

(2)当需要进行弯沉仪支点弯形修正时，路面测点的回弹弯沉值式(6 – 16)计算：

$$L_T = (L_1 - L_2) \times 2 + (L_3 - L_4) \times 6 \quad (6-16)$$

式中：L_1——车轮中心临近弯沉仪测头时测定用弯沉仪的最大读数(0.01 mm)；

L_2——汽车驶出弯沉影响半径后测定用弯沉仪的最终读数(0.01 mm)；

L_3——车轮中心临近弯沉仪测头时检验用弯沉仪的最大读数(0.01 mm)；

L_4——汽车驶出弯沉影响半径后检验用弯沉仪的终读数(0.01 mm)；

注：此式适用于测定用弯沉仪支座处有变形，但百分表架处路面已无变形的情况。

(3)沥青面层厚度大于 5 cm 的沥青路面，回弹弯沉值应进行温度修正，温度修正及回弹弯沉的计算宜按下列步骤进行。

①测定时的沥青层平均温度按式(6 – 17)计算：

$$T = (T_{25} + T_m + T_e)/3 \quad (6-17)$$

式中：T——测定时沥青层平均温度(℃)；

T_{25}——路表下 25 mm 处的温度(℃)；

L_m——沥青层中间深度的温度(℃)；

L_2——沥青层底面处的温度(℃)。

可按《公路路基路面现场测试规程》(JTG E60—2008)的图解法，查出相应系数，按照上式计算测定时沥青层平均温度 T，而后查处温度修正系数 K。

②根据沥青层平均温度 T 及沥青层厚度。分别由《公路路基路面现场测试规程》(JTG E60—2008)中图 T 0951 – 3 及图 T 0951 – 4 求取不同基层的沥青路面弯沉值的温度修正系数 K。

③沥青路面回弹弯沉按式(6 – 18)计算：

$$L_{20} = L_T \times K \quad (6-18)$$

式中：K——温度修正系数；

L_{20}——换算 20℃的沥青路面回弹弯沉值(0.01 mm)；

L_T——测定时沥青面层内平均温度为 T 时的回弹弯沉值(0.01 mm)。

(4)按式(6 – 19)计算每一个评定路段的代表弯沉：

$$L_r = L + Z_a S \quad (6-19)$$

式中：L_r——评定路段的代表弯沉(0.01 mm)；

L——评定路段内经各项修正后和各测点弯沉的平均值(0.01 mm)；

S——评定路段内经各项修正后的全部测点弯沉的标准差(0.01 mm)；

Z_a——与保证率有关的系数，当设计弯沉值按《公路沥青路面设计规范》(JTGD50—2006)确定时，采用表 6 – 2 的取值系数。

表6-2 设计弯沉取值系数

层位	Z_a	
	高速公路、一级公路	二、三级公路
沥青面层	1.645	1.5
路基	2.0	1.645

6.2.2.2 自动弯沉仪测定路面弯沉试验方法

1. 目的及适用范围

(1)采用自动弯沉仪在标准条件下每隔一定距离连续测试路面的总弯沉，及测定路段的总弯沉值的平均值。

(2)用于尚无坑洞等严重破坏的道路验收检查及旧路面强度评价，可为路面养护管理系统提供数据，经过与贝克曼梁测定值进行换算后，也可用于路面结构设计。

2. 仪具与材料技术要求

(1)自动弯沉仪有承载车、测量机架及控制系统、位移、温度和距离传感器、数据采集预处理系统等基本部分组成。

(2)设备承载车技术要求和参数。

自动弯沉仪的承载车辆应为单后轴、单侧双轮组的载重车，其标准条件参考贝克曼梁测定路基路面回弹弯沉试验方法中 BZZ-100 车型的标准参数。

(3)测试系统基本技术要求和参数。

位移传感器分辨率：0.01 mm；

位移传感器有效量程：≥3 mm；

设备工作环境温度：0~60℃；

距离标定误差：≤1%。

3. 测试步骤

(1)准备工作。测试前需进行位移传感器标定、检查承载车车胎胎压、轮载是否符合要求；同时检测测量架、设备电源是否正常，并试测2~3个步距，确认测试机构正常。

(2)测试系统在开始测试前需要通电预热，时间不少于设备操作手册要求，并开启工程警灯等警告标志。

(3)在测试路段前20 m将测量架放落在地面上，并检查各机构的部件情况。

(4)操作人员按照设备使用手册的规定和测试路段的现场技术要求设置完毕所需的测试状态。

(5)驾驶员缓慢加速承载车到正常速度，沿正常行车轨迹驶入测试路段。

(6)操作人员将测试路段起终点、桥涵等特殊位置的桩号做好记录。

(7)当测试车驶出测试路段后，操作人员停止数据采集和记录，并回复仪器各部分至初始状态，驾驶员缓慢停止承载车，提起测量架。

(8)操作人员检查测试数据文件，文件应完整，内容应正常，否则需要重新测试。

(9)关闭测试系统电源，结束测试。

自动弯沉仪与贝克曼梁弯沉应进行对比试验，逐点对应计算两者的相关关系，得出回归

方程式 $L_b = a + bL_a$，式中 L_b、L_a 分别为贝克曼梁和自动弯沉仪测定的弯沉值。相关系数不得小于0.90。

6.2.2.3 落锤式弯沉仪测定路面弯沉试验方法

1.目的与适用范围

用于在落锤式弯沉仪(FWD)标准质量的重锤落下一定高度发生的冲击荷载的作用下，测定路基和路面所产生的瞬时变形，即测定在动态荷载作用下产生的动态弯沉及弯沉盆，并可由此反算路基路面各层材料的动态弹性模量，作为设计参数使用。所测结果也可用于评定道路承载能力，调查水泥混凝土路面的接缝的传力效果，探查路面板下的空洞等。

2.仪器

落锤式弯沉仪，简称FWD，由荷载发生装置、弯沉检测装置、运算控制系统与车辆牵引系统组成。

3.方法与步骤

(1)准备工作。

①调整重锤的质量及落高，使重锤的质量及产生的冲击荷载符合要求。

②在测试路段的路基或路面各层表面布置测点，其位置或距离随测试需要而定。当在路表面测定时，测点宜布置在行车道的轮迹带上，测试时，还可利用距离传感器定位。

③检查FWD的车况及使用性能，用手动操作检查，各项指标符合仪器规定要求。

④将FWD牵引至测定地点，将仪器打开，进入工作状态。牵引FWD行驶的速度不宜超过50 km/h。

⑤对位移传感器按仪器使用说明书进行标定，使之达到规定的精度要求。

(2)测试步骤。

①承载板中心位置对准测点，承载板自动落下，放下弯沉装置的各个传感器。

②启动落锤装置，落锤瞬即落下，冲击作用于承载板上，又立即自动提升至原来位置固定。同时，各个传感器检测结构表面层变形，记录系统将位移信号输入计算机，并得到峰值，即路面弯沉，同时得到弯沉盆。每一测点重复测定应不少于3次，除去第一个测定值，取以后几次测定值的平均值作为计算依据。

③提起传感器及承载板，牵引车向前移动至于一个测点，重复上述步骤，进行测定。

④操作人员检查测试数据文件，文件应完整，内容应正常，否则需要重新测试。

⑤关闭测试系统电源，结束测试。

落锤式弯沉与贝克曼梁弯沉应进行对比试验，逐点对应计算两者的相关关系。通过对比试验得出回归方程式 $L_b = a + bL_{FWD}$，式中 L_{FWD}、L_b 分别为落锤式弯沉仪及贝克曼梁测定的弯沉值。回归方程式的相关系数应不小于0.95。

6.2.3 弯沉值评定

(1)弯沉值用贝克曼梁或自动弯沉仪测量。每一双车道评定路段(不超过1 km)检查80~100个点，多车道公路必须按车道数与双车道之比，相应增加测点。

(2)弯沉代表值为弯沉测量值得上波动界限，按式(6-20)计算：

$$L_r = \overline{L} + Z_a S \tag{6-20}$$

式中：L_r——弯沉代表值(0.01 mm)；

$\overline{L}$——实测弯沉的平均值；

S——标准差；

Z_a——与要求保证率相关的系数，高速公路、一级公路沥青面层为1.645，路基为2.0；二、三级公路沥青面层为1.5，路基为1.645。

(3)弯沉代表值不大于设计要求的弯沉值时得满分；大于为零分。分项工程评为不合格。

(4)计算平均值和标准值时，应将超出$\overline{L}\pm(2-3)S$的弯沉值特异点舍去。两台弯沉仪进行左右轮隙弯沉值测定时，应按两个独立点计，不能采用两点的平均值。

(5)沥青路面的弯沉以标准温度为(20±2)℃，厚度大于5 cm的沥青路面，弯沉值要进行温度修正。

若在不利季节测定，应考虑季节影响系数。

6.3　平整度及构造深度试验检测

6.3.1　平整度

6.3.1.1　平整度定义

平整度(roughness)是评价路面施工质量和服务水平的一个重要指标。是指道路表面相对于理想平面的竖向偏差。路表的平整度与其下各结构层的平整状况有一定的联系，及各层的平整效果将累积反映到路表上来。路表不平整会增大行车阻力，使车辆振动，造成颠簸，影响舒适性，同时车辆振动作用还会对路面施加额外冲击力，从而增加路面和车辆机件损坏，增大油耗。而且，不平整的路面会积滞雨水，不仅加速路面损坏，也给行车带来安全隐患。因此平整度是路况评价的一项重要参数。

6.3.1.2　平整度检测方法

路面平整度的测试设备大致分为断面类和反映类两大类。断面类是通过测量路表凹凸情况来反映平整度，如3 m直尺、连续式平整度仪以及车载式激光平整度仪等；反映类是通过测定路面凹凸引起的车辆的颠簸振动来反映平整度状况，如车载式颠簸累积仪。常用的几种平整度测试方法的特点及评价指标如表6-3所示。

表6-3　平整度测试方法比较

方法/仪器	特点	技术指标	类别
3 m直尺法	设备成本低，结果直观，间断测试，工作效率低	最大间隙(mm)	断面类
连续式平整度仪法	设备成本较低，连续测试，工作效率较高	标准差(mm)	断面类
车载式激光平整度仪法	设备成本高，连续测试，工作效率高，技术指标国际通用	国际平整度指数 *IRI*(m/km)	断面类
颠簸累积仪法	设备成本较低，连续测试，工作效率高，测试结果受承载车影响	单向累计值 *VBI*(cm/km)	反应类

一、3m 直尺法

1. 试验目的和适用范围

用于测定压实成型的路基、路面各层表面的平整度，以评定路面的施工质量及使用质量。

2. 仪具

(1)3 m 直尺；

(2)最大间隙测量器具：楔形塞尺或深度尺，刻度分辨率小于等于 0.02 mm。

3. 方法与步骤

(1)在测试路段路面上选择测试地点。

①当为施工过程中质量检测需要时，测试地点根据需要确定，可以单杆检测。

②当为路基、路面工程质量检查验收或进行路况评定需要时，应首尾相接连续测量 10 尺。除特殊需要外，应以行车道一侧车轮轮迹(距车道线 80 ~ 100 cm)带作为连续测定的标准位置。

③对旧路面已形成车辙的路面，应取车辙中间位置为测定位置，用粉笔在路面上做好标记。

(2)测试要点。

①在施工过程中检测时，按根据需要确定的方向，将 3 m 直尺摆在测试地点的路面上。

②目测 3 m 直尺底面与路面之间的间隙情况，确定间隙为最大的位置。

③用有高度标线的塞尺塞进间隙处，量记最大间隙的高度，精确至 0.2 mm。

④施工结束后检测时，按现行《公路工程质量检验评定标准》(JTG F801—2004)的规定，每 1 处连续检测 10 尺，按上述步骤测记 10 个最大间隙。

4. 计算

单杆检测路面的平整度计算，以 3 m 直尺与路面的最大间隙为测定结果、连续测定 10 尺时，判断每个测定值是否合格，根据要求计算合格百分率，并计算 10 个最大间隙的平均值。

二、连续式平整度仪法

1. 目的与适用范围

本方法规定用连续式平整度仪测量路面不平整读的标准差，以表示路面的平整度(以 mm 计)，适用于测定路表面的平整度，评定路面的施工质量和使用质量，但不适用于在已有较多坑槽、破损严重的路面上测定。

2. 仪器

(1)连续式平整度仪：连续式平整度仪的标准长度为 3 m，其质量应符合仪器标准的要求。中间为一个 3 m 长的机架，机架可缩短或折叠，前后各有 4 个行走轮，前后两组轮的轴间距离为 3 m。测定间距为 10 cm，每一计算区间的长度为 100 m，输出一次结果。机架头装有一牵引钩及手拉柄，可用人力或汽车牵引。

(2)牵引车：小面包车或其他小型牵引汽车。

(3)皮尺或测绳。

3. 方法与步骤

(1)准备工作。

①选择测试路段。

②当为施工过程中质量检测需要时，测试地点根据需要决定；当为路面工程质量检查验收或进行路况评定需要时，通常以行车道一侧车轮轮迹带作为连续测定的标准位置。对已形成车辙的旧路路面，取一侧车辙中间位置为测定位置。按定在测试路段路面上确定测试位置，当以内侧轮迹带(IWP)或外侧轮迹带(OWP)作为测定位时，测定位置距车道标线80～100 cm。

③清扫路面测定位置处的脏物。

④检查仪器检测箱各部分是否完好、灵敏，并将各连接线接妥，安装记录设备。

(2)试验步骤。

①将连续式平整度测定仪置于测试路段路面起点上。

②将牵引架挂在牵引汽车的后部，放下测定轮，启动检测器及记录仪，随即启动汽车，沿道路纵向行驶，横向位置保持稳定，并检查平整度检测仪表上测定数字显示、打印、记录的情况。如遇检测设备中某项仪表发生故障，即须停止检测。牵引平整仪的速度应保持匀速，速度宜为5 km/h，最大不得超过12 km/h。

在测试路段较短时，亦可用人力拖拉平整仪测定路面的平整度，但拖拉时应保持匀速前进。

6.3.2 构造深度

6.3.2.1 构造深度定义

以前称纹理深度，是路面粗糙度的重要指标。是指一定面积的路表面凹凸不平的开口孔隙的平均深度。主要用于评定路面表面的宏观粗糙度、排水性能及抗滑性。

6.3.2.2 构造深度检测方法

构造深度的检测主要有铺砂法、激光构造深度仪法。

表6-4 构造深度测试方法比较

方法	测试指标	原理	特点及适用范围
铺砂法	构造深度 *TD*(mm)	将已知体积的砂，摊铺在所要测试路面的测点上，以表面不留浮砂为原则，量取摊平覆盖的面积。砂的体积与所覆盖的平均面积的比值，即为构造深度	定点测量，原理简单设备成本低，受人为因素影响较大。其适用于沥青路面及水泥混凝土路面的抗滑性能测试
激光构造深度仪法	构造深度 *TD*(mm)	采用激光测距的原理，以较高的采样频率，按一定的计算模型计算路面构造深度	测试效率较高，设备成本较高。其适用于测试干燥的沥青路面构造深度，不适用于较多坑槽、显著不平整或裂缝过多的路段

6.3.2.3 构造深度(手工铺砂法)

以铺砂法为例，构造深度：

1. 目的与适用范围

本方法适用于测定沥青路面及水泥混凝土路面表面构造深度，用以评定路面表面的宏观构造。

2. 仪具与材料技术要求

本方法需要下列仪具与材料：

(1)人工铺砂仪：由圆筒、推平板组成。

①量砂筒：一端是封闭的，容积为(25 ±0.15)mL，可通过称量砂筒中水的质量以确定其容积V，并调整其高度，使其容积符合规定。带一专门的刮尺，可将筒口量砂刮平。

②推平板：推平板应为木制或铝制，直接50 mm，底面黏一层厚1.5 mm的橡胶片，上面有一圆柱把手。

③刮平尺：可用30 cm钢板尺代替。

(2)量砂：足够数量的干燥洁净的匀质砂，粒径0.15 ~0.3 mm。

(3)量尺：钢板尺、钢卷尺，或将直径换算成构造深度作为刻度单位的专用的构造深度尺。

(4)其他：装砂容器(小铲)、扫帚或毛刷、挡风板等。

3. 方法与步骤

(1)准备工作。

①量砂准备：取洁净的细砂，晾干过筛，取0.15 ~0.3 mm的砂置适当的容器中备用。量砂只能在路面上使用一次，不宜重复使用。

②对测试路段按随机取样选点的方法，决定测点所在横断面位置。测点应选在行车道的轮迹带上，距路面边缘不应小于1 m。

(2)测试步骤。

①用扫帚或毛刷子将测点附近的路面清扫干净，面积不小于30 cm×30 cm。

②用小铲装砂，沿筒壁向圆筒中注满砂，手提圆筒上方，在硬质路表面上轻轻地叩打3次，使砂密实，补足砂面用钢尺一次刮平。

注：不可直接用量砂筒装砂，以免影响量砂密度的均匀性。

③将砂倒在路面上，用底面黏有橡胶片的推平板，由里向外重复作旋转摊铺运动，稍稍用力将砂细心地尽可能地向外摊开，使砂填入凹凸不平的路表面的空隙中，尽可能将砂摊成圆形，并不得在表面上留有浮动余砂。注意，摊铺时不可用力过大或向外推挤。

④用钢板尺测量所构成圆的两个垂直方向的直径，取其平均值，准确至5 mm。

⑤按以上方法，同一处平行测定不少于3次，3个测点均位于轮迹带上，测点间距3 ~5 m。对同一处，应该由同一个试验员进行测定。该处的测定位置以中间测点的位置表示。

4. 计算

以铺砂法为例，构造深度计算，见公式(6 -21)：

$$T_D = 4 \times 1000V/\pi D^2 = 31831/D^2 \tag{6-21}$$

式中：T_D——路面表面构造深度(mm)；

V——砂的体积(25 cm^3)；

D——摊平砂的平均直径(mm)。

高速公路、一级公路在验收时应符合表6 -5的要求，二级公路可参照执行。

表6-5　公路构造深度验收合格值

年平均降雨量(mm)	交工检测指标(mm)
大于1000	构造深度 $T_D \geqslant 0.55$
500～1000	构造深度 $T_D \geqslant 0.50$
250～500	构造深度 $T_D \geqslant 0.45$

6.4　路面抗滑性能试验检测

6.4.1　定义

路面抗滑性能是路面的表面安全技术性能，是指车辆轮胎受到制动时，路面防止轮胎滑移的能力。影响抗滑性能的因素主要有路面表面特性、路面潮湿程度和行车速度。路面抗滑性一般用轮胎与路面间的摩擦系数(如摆值、制动系数、横向力系数等)和表面宏观构造深度来表示。摩擦系数直接表征了道路表面防滑性能水平的高低；路表构造深度体现的是当道路表面有水存在时，路面防止车辆高速行驶情况下摩擦系数下降的能力。

6.4.2　抗滑性能测试方法

抗滑性能测试方法有：摆式仪法、手工铺砂法、车载式激光构造深度仪法、单轮式横向力系数测试系统、双轮式横向力系数测试系统。

6.4.2.1　手工铺砂法测定路面构造深度试验

目的与适用范围：本方法适用于测定沥青路面及水泥混凝土路面表面构造深度，用以评定路面表面的宏观粗糙度、路面表面的排水性能及抗滑性能。

6.4.2.2　摆式仪测定路面摆式摩擦系数试验

1. 目的与适用范围

本方法适用于以摆式摩擦系数测定仪(摆式仪)测定沥青路面、标线或其他材料试件的抗滑值，用以评定路面或路面材料试件在潮湿状态下的抗滑能力。

2. 仪具与材料技术要求

本方法需要下列仪具与材料：

(1)摆式仪：摆及摆的连接部分总质量为(1500±30)g，摆动中心至摆的重心距离为(410±5)mm，测定时摆在路面上滑动长度为(126±1)mm，摆上橡胶片端部距摆动中心的距离为510 mm，橡胶片对路面的正向静压力为(22.2±0.5)N。

(2)橡胶片：当用于测定路面抗滑值时，其尺寸为6.35 mm×25.4 mm×76.2 mm。橡胶质量应符合表T 0964-1的要求。当橡胶片使用后，端部在长度方向上磨损超过1.6 mm或边缘在宽度方向上磨耗超过3.2 mm，或有油类污染时，即应更换新橡胶片。新橡胶片应先在干燥路面上测试10次后再用于测试。橡胶片的有效使用期从出厂日期起算为12个月。

(3)滑动长度量尺：长126 mm。

(4)喷水壶。

(5)硬毛刷。

(6)路面温度计：分度不大于1℃。

(7)其他：扫帚、记录表格等。

3. 方法与步骤

(1)准备工作。

①检查摆式仪的调零灵敏情况，并定期进行仪器的标定。

②按《公路路基路面现场测试规程》(JTG E60—2008)中附录A的方法，进行测试路段的取样选定。在横断面上测点应选在行车道轮迹处，且距路面边缘不小于1 m。

(2)测试步骤。

①清洁路面：用扫帚或其他工具将测点处的路面打扫干净。

②仪器调平。

ⓐ将仪器置于路面测点上，并使摆的摆动方向与行车方向一致。

ⓑ转动底座上的调平螺栓，使水准泡居中。

③调零。

ⓐ放松紧固把手，转动升降把手，使摆升高并能自由摆动，然后旋紧紧固把手。

ⓑ将摆固定在右侧悬臂上，使摆处于水平释放位置，并把指针拨至右端与摆杆平行处。

ⓒ按下释放开关，使摆向左带动指针摆动。当摆达到最高位置后下落时，用手将摆杆接住，此时指针应指零。

ⓓ若不指零时，可稍旋紧或旋松摆的调节螺母。

ⓔ重复上述4个步骤，直至指针指零。调零允许误差为±1 mm。

④校核滑动长度。

ⓐ让摆处于自然下垂状态，松开固定把手，转动升降把手，使摆下降。与此同时，提起举升柄使摆向左侧移动，然后放下举升柄使橡胶片下缘轻轻触地，紧靠橡胶片摆放滑动长度量尺，使量尺左端对准橡胶片下缘；再提起举升柄使摆向右侧移动，然后放下举升柄使橡胶片下缘轻轻触地，检查橡胶片下缘应与滑动长度量尺的右端齐平。

ⓑ若齐平，则说明橡胶片两次触地的距离(滑动长度)符合126 mm的规定。校核滑动长度时，应以橡胶片长边刚刚接触路面为准，不可借摆的力量向前滑动，以免标定的滑动长度与实际不符。

ⓒ若不齐平，升高或降低摆或仪器底座的高度。微调时用旋转仪器底座上的调平螺丝调整仪器底座的高度的方法比较方便，但需注意保持水准泡居中。

ⓓ重复上述动作，直至滑动长度符合126 mm的规定。

⑤将摆固定在右侧悬臂上，使摆处于水平释放位置，并把指针拨至右端与摆杆平行处。

⑥用喷水壶浇洒测点，使路面处于湿润状态。

⑦按下右侧悬臂上的释放开关，使摆在路面滑过。当摆杆回落时，用手接住，读数但不记录，然后使摆杆和指针重新置于水平释放位置。

⑧重复⑥和⑦的操作5次，并读记每次测定的摆值。单点测定的5个值中最大值与最小值的差值不得大于3。如差值大于3时，应检查产生的原因，并再次重复上述各项操作，至符合规定为止。取5次测定的平均值作为单点的路面抗滑值(即摆值BPN_T，取整数)。

⑨在测点位置用温度计测记潮湿路表温度，准确至1℃。

⑩每个测点由 3 个单点组成，即需按以上方法在同一测点处平行测定 3 次，以 3 次测定结果的平均值作为该测点的代表值(精确到 1)。3 个单点均应位于轮迹带上，单点间距离为 3 ~ 5 m。该测点的位置以中间单点的位置表示。

4. 抗滑值的温度修正

当路面温度为 t(℃)时，测得的摆值为 BPN_T，必须换算成标准温度 20℃ 的摆值 BPN_{20}，见公式(6 - 22)：

$$BPN_{20} = BPN_T + \Delta BPN \tag{6-22}$$

式中：BPN_{20}——换算成标准温度 20℃ 时的摆值；

BPN_T——路面温度 T 时测得的摆值；

ΔBPN——温度修正值按表 6 - 6 采用。

表 6 - 6　温度修正值

温度(℃)	0	5	10	15	20	25	30	35	40
温度修正值 ΔBPN	-6	-4	-3	-1	0	+2	+3	+5	+7

6.4.2.3　单轮式横向力系数测试仪测定路面横向力系数试验

1. 目的适用范围

本方法适用于以标准的摩擦系数测定车测定沥青路面或水泥混凝土路面的横向力系数，测试结果可作为竣工验收或使用期评定路面抗滑能力的依据。

2. 仪具与材料技术要求

(1)测试系统：由承载车辆、距离测试装置、横向力测试装置、供水装置和主控制系统组成。

(2)测试系统技术要求和参数。

测试轮胎类型：光面天然橡胶充气轮胎；

测试轮胎规格：3.00/20；

测试轮胎标准气压：(3.5 ±0.2) kPa

测试轮偏置角：19.5° ~ 21°；

测试轮静态垂直标准荷载：(2000 ± 20) N；

拉力传感器非线性误差：<0.05%；

拉力传感器有效量程：0 ~ 2000 N；

距离标定误差：<2%。

3. 测试步骤

(1)正式开始测试前，首先应按设备操作手册规定的时间要求对系统进行通电预热。

(2)进入测试路段前应将测试轮胎降至路面上预跑 500 m。

(3)按照设备操作手册的规定和测试路段的现场技术要求设置完毕所需的测试状态。

(4)驾驶员在进入测试路段前应保持车速在规定的测试速度范围内，沿正常行车轨迹驶入测试路段。

(5)进入测试路段后，测试人员启动系统的采集和记录程序。在测试过程中必须及时准确地将测试路段的起终点和其他需要特殊标记点的位置输入测试数据记录中。

(6)当测试车辆驶出测试路段后，仪器操作人员停止数据采集和记录，提升测量轮并恢复仪器各部分至初始状态。

(7)操作人员检查数据文件应完整。内容应正常，否则需要重新测试。

(8)关闭测试系统电源，结束测试。

4. *SFC* 值的修正

(1)速度修正。

当测试速度超出(50 ±4)km/h 时，需对 *SFC* 测值进行修正，见公式(6－23)：

$$SFC_{标} = SFC_{测} - 0.22(V_{标} - V_{测}) \tag{6-23}$$

式中：$SFC_{标}$——标准测试速度下的等效 *SFC* 值；

$SFC_{测}$——现场实际测试速度下的 *SFC* 值；

$V_{标}$——标准测试速度，取值 50 km/h；

$V_{测}$——现场实际测试速度。

(2)温度修正。

当测试路面温度超出(20 ±5)℃范围，需对 *SFC* 测值进行修正

表 6－7 *SFC* 值的温度修正(℃)

温度(℃)	10	15	20	25	30	35	40	45	50	55	60
修正	－3	－1	0	＋1	＋3	＋4	＋6	＋7	＋8	＋9	＋10

6.4.2.4 双轮式横向力系数测试仪测定路面摩擦系数试验

目的与使用范围：本方法使用与工作原理和结构与 Mu－Meter 相同的摩擦系数测试系统在新建、改建路面工程的质量验收和无严重坑槽、车辙等病害的正常行车条件下测定沥青路面或水泥混凝土路面的摩擦系数。

6.4.3 路面抗滑性评定

1. 路面表面构造深度评定

$$T_D = \frac{1000V}{\pi D^2/4} = \frac{31831}{D^2} \tag{6-24}$$

式中：T_D——路面表面的构造深度(mm)；

V——砂的体积(25 cm^3)；

D——摊开砂的平均直径(mm)。

每一处均取 3 次路面构造深度的测定结果的平均值作为试验结果，准确至 0.1 mm。

抗滑值的温度修正：

计算每一个评定路段路面抗滑值的平均值、标准差、变异系数。

激光构造深度仪测值应与铺砂法构造深度值进行相关关系比对试验，得出的相关系数 R 不小于 0.97。

高速公路和一级公路构造深度竣工验收值应大于等于 0.55 mm。

2. 路面摆式摩擦系数评定

当路面温度为 t(℃)时测得的摆值为 BPN，必须按表6－8换算成标准温度20℃的摆值 BPN_{20}，见公式(6－25)。

$$BPN_{20} = BPNt + \Delta BPN \tag{6-25}$$

式中：BPN_{20}——换算成标准温度20℃时的摆值(BPN)；

BPN_t——路面温度T时测得的摆值(BPN)；

t——测定的路表潮湿状态下的温度(℃)；

ΔBPN——温度修正值，按表6－8采用。

表6－8　温度修正值

温度(℃)	0	5	10	15	20	25	30	35	40
温度修正值 ΔBPN	－6	－4	－3	－1	0	＋2	＋3	＋5	＋7

计算每一个评定路段路面抗滑值的平均值、标准差、变异系数。

高速公路和一级公路的摆式摩擦系数 BPN 竣工验收值应大于或等于45。

3. 路面横向力系数评定

(1)评定路段内的路面横向力系数按 SFC 的设计或验收标准进行评定。

(2)SFC 的代表值为 SFC 算术平均值的下置信界限值，见公式(6－26)：

$$SFC_r = \overline{SFC} - \frac{t_\alpha}{\sqrt{n}}S \tag{6-26}$$

式中：SFC_r——SFC 代表值。

$\overline{SFC}$——SFC 平均值。

S——标准差。

n——采集数据样本数量。

t_α——分布表中随测点数和保证率(或置信度 a)而变的系数；t_α 见《公路工程质量检验评定标准》JTG F80/1—2004附录B中附表B采用的保证率：高速公路、一级公路为95%，其他公路为90%。

(3)当 SFC 代表值不小于设计或验收标准时，以所有单个 SFC 值统计合格率；当 SFC 代表值小于设计或标准值时，该路段为零分。

6.5　路面结构层厚度试验检测

6.5.1　路面厚度检测

在路面工程中，各个层次的厚度是和道路整体强度密切相关。在路面设计中，不管是刚性路面，还是柔性路面，其最终要决定的，都是各个层次的厚度，只有在保证厚度的情况下，路面的各个层次及整体的强度才能得到保证。除了能保证强度外，严格控制各结构层的厚度，还能对路面的标高起到一定的控制作用，是一个非常重要的指标。

6.5.2 厚度检测方法

路面各结构层厚度的检测一般与压实度同时进行，当用灌砂法进行压实度检查时，可量取挖坑灌砂深度即为结构层厚度。当用钻芯取样法检查压实度时，可直接量取芯样高度。

结构层厚度也可以采用水准仪量测法求得，即在同一测点量出结构层底面及顶面的高程，然后求其差值。这种方法不用破坏路面，测试精度高。但是受制于施工周期，不能实时实施检测。

对于基层或砂石路面的厚度可用挖坑法测定，沥青面层与水泥混凝土路面板的厚度应用钻孔法测定。

下面介绍两种常用厚度检测方法：

1. 挖坑法厚度测试步骤

(1)根据现行规范的要求，随机取样决定挖坑检查的位置。如为旧路，该点有坑洞等显著缺陷或接缝时，可在其旁边检测。

(2)选一块约 40 cm×40 cm 的平坦表面作为试验地点，用毛刷将其清扫干净。

(3)根据材料坚硬程度，选择镐、铲、凿子等适当的工具，开挖这一层材料，直至层位底面。在便于开挖的前提下，开挖面积应尽量缩小，坑洞大体呈圆形，边开挖边将材料铲出，置于搪瓷盘中。

(4)用毛刷将坑底清扫，确认为坑底面下一层的顶面。

(5)将钢板尺平放横跨于坑的两边，用另一把钢尺或卡尺等量具在坑的中部位置垂直伸至坑底，测量坑底至钢板尺的距离，即为检查层的厚度，以 mm 计，精确至 1 mm。

2. 钻孔取样法厚度测试步骤

(1)根据现行规范的要求，随机取样决定挖坑检查的位置。如为旧路，该点有坑洞等显著缺陷或接缝时，可在其旁边检测。

(2)用路面取芯钻孔机钻孔，芯样的直径应为 100 mm。如芯样仅供测量厚度，不作其他试验，对沥青面层与水泥混凝土板也可用直径 50 mm 的钻头，对基层材料有可能损坏试件时，也可用直径 150 mm 的钻头，但钻孔深度必须达到层厚。

(3)小心取出芯样，清除底面灰尘，找出与下层的分界面。

(4)用钢板尺或卡尺沿圆周对称的十字方向四处量取表面至上下层界面的高度，取其平均值，即为该层的厚度，精确至 1 mm。

以上两种方法都需要对试坑或者钻孔进行填补。

3. 短脉冲雷达测定路面厚度

利用短脉冲雷达等无损测试手段进行路面结构层厚度的检测，已在我国广泛使用。此类方法测试效率高，准确性能够满足工程需要，且不受施工周期的限制，能对隐蔽工程实时检测。但由于是一种无损的、间接的厚度测试手段，加之人们的认识程度有所差异，故遇到检测结果争议时，还需要通过开挖或钻芯来进一步检验。

短脉冲雷达测定路面厚度具有以下特点：

(1)利用雷达波在不同物质界面上的反射信号，识别分界面，通过电磁波的走时荷载介质中的波速推算相应介质的厚度。

(2)短脉冲雷达具有测值精度高、工作稳定等特点，用于检测路面厚度的雷达天线频率一般为 1.0 GHz 以上。

(3)适用于新、改建路面工程质量验收和旧路加铺路面设计的厚度调查。

(4)雷达发射的电磁波在道路面层传播过程中会逐渐衰减。雷达最大探测深度是由雷达系统的参数以及路面材料的电磁属性决定的。对于材料过度潮湿或饱水以及有高含铁量的矿渣集料的路面不适合用本方法测试。如果是雨后工作，建议等待 1 d 时间，待路面含水率稳定后再测。

6.5.3　结构层厚度的评定

(1)路面厚度是关系质量和造价的重要指标，既不能给承包商提供偷工减料的可能机会，又考虑正常施工条件下的厚度偏差情况，采用平均值的置信下限作为否决指标，单点极值作为扣分指标。

(2)厚度代表值取算数平均值下置信界限，数据处理时以单车道每公里为一段落计算厚度代表值。厚度代表值的计算，见公式(6－27)：

$$X_l = \overline{X} - \frac{t_\alpha S}{\sqrt{n}} \tag{6－27}$$

式中：X_l——厚度代表值(算术平均值下置信界限)；

$\overline{X}$——厚度平均值，mm；

S——标准差；

n——检查数量；

t_α——t 分布表中随测点数和保证率(或置信度 α)而变的系数，高速公路面层的保证率为 95%。

(3)当厚度代表值大于等于设计厚度减代表值允许偏差时，则按单个检查值的偏差是否超过极值来评定合格率和计算应得分数；当厚度代表值小于设计厚度减去代表值允许偏差时，则厚度指标评为零分。

(4)沥青面层一般按沥青铺筑层总厚度进行评定，但高速公路和一级公路多分 2～3 层铺筑，还应进行上面层厚度检查和评定。

6.6　沥青路面渗水性能试验检测

沥青路面渗水性能是反映路面沥青混合料级配组成的一个间接指标，也是沥青路面水稳定性的一个重要指标，在最新颁布实施的《沥青路面施工技术规范》(JTG F40—2004)中，对渗水系数这一指标作出了严格规定。要求在配合比设计阶段密级配沥青混合料的渗水系数要小于 120 mL/min，SMA 小于 80 mL/min，在施工质量检测时普通沥青路面路表渗水系数不大于 300 mL/min，SMA 路面不大于 200 mL/min，进一步提高了对渗水性能的重视程度。应该说渗水系数指标对于提高沥青路面的施工质量、衡量沥青路面通行状况、预防沥青路面水损害、进行合理的路面养护有着重要意义。

6.6.1　目的与适用范围

本方法适用于路面渗水仪测定沥青路面的渗水系数。

6.6.2 仪具与材料技术要求

本试验需要下列仪器与材料：

(1)路面渗水仪：形状及尺寸上部盛水量筒由透明有机玻璃制成，容积600 mL，上有刻度，在100 mL及500 mL处有粗标线，下方通过ϕ10 mm的细管与底座相接，中间有一开关。量筒通过支架联结，底座下方开口内径150 mm，外径165 mm，仪器附压重铁圈两个，每个质量约5 kg，内径160 mm。

(2)水桶及大漏斗。

(3)秒表。

(4)密封材料：玻璃腻子、油灰或橡皮泥。

(5)其他：水、红墨水、粉笔、扫帚等。

6.6.3 方法与步骤

1. 准备工作

(1)在测试路段的行车道面上，按随机取样方法选择测试位置，每一个检测路段应测定5个测点，用扫帚清扫表面，并用粉笔画上测试标记。

(2)在洁净的水桶内滴入几滴红墨水，使水成淡红色。

(3)装妥路面渗水仪。

2. 试验步骤

(1)将清扫后的路面用粉笔按测试仪器底座大小画好圆圈记号。

(2)在路面上沿底座圆圈抹一薄层密封材料，边涂边用手压紧，使密封材料嵌满缝隙且牢固地黏结在路面上，密封料圈的内径与底座内径相同，约150 mm，将组合好的渗水试验仪底座用力压在路面密封材料圈上，再加上压重铁圈压住仪器底座，以防止压力水从底座与路面间流出。

(3)关闭细管下方的开关，向仪器的上方量筒中注入淡红色的水至满，总量为600 mL。

(4)迅速将开关全部打开，水开始从细管下部流出，待水面下降100 mL时，立即开动秒表，每间隔60 s，读记仪器管的刻度一次，至水面下降500 mL时为止。测试过程中，如水从底座与密封材料间渗出，说明底座与路面密封不好，应移至附近干燥路面处重新操作。如水面下降速度很慢，从水面下降至100 mL开始，测得3 min的渗水量即可停止。若试验时水面下降至一定程度后基本保持不动，说明路面基本不透水或根本不透水，则在报告中注明。

(5)按以上步骤在同一个检测路段选择5个测点测定渗水系数，取其平均值，作为检测结果。

6.6.4 计算

计算沥青路面的渗水系数按式(6-28)计算：以水面从100 mL下降至500 mL所需的时间为标准，若渗水时间过长，亦可采用3 min通过的水量计算：

$$C_w = (V_2 - V_1)/(T_2 - T_1) \times 60 \qquad (6-28)$$

式中：V_2——第二次读数的水量(mL)通常为500 mL；

V_1——第一次读数的水量(mL)通常为100 mL。

6.7 激光路面平整度仪试验

6.7.1 目的与适用范围

本方法适用于各类车辙式激光平整度仪在新建、改建路面工程质量验收和无严重坑槽、车辙等病害及无积水、积雪、泥浆的正常通车条件下连续采集路段平整度数据。

6.7.2 仪具与材料技术要求

1. 测试系统

由承载车辆、距离传感器、纵断面高程传感器和主控制系统组成。主控制系统对测试装置的操作实施控制，完成数据采集、传输、存储与计算过程。

2. 测试系统基本技术要求和参数

测试速度：(30～100)km/h；

采样间隔：≤500 mm；

传感器测试精度：0.5 mm；

距离标定误差：<0.1%；

系统工作环境温度：0～60℃。

6.7.3 检测原理

路面平整度检测使用的设备为激光道路断面测试系统。图 6-1 为路面平整度测试原理示意图。检测过程中，通过激光传感器、加速度传感器和距离传感器，分别测量激光传感器到断面的垂向距离、激光传感器的垂向加速度和沿断面纵向行驶的距离，然后用公式(6-29)可计算得到断面的高程：

$$Z(x) = H(x) + \iint_x A_t(s)/V^2 \mathrm{d}s\mathrm{d}s \tag{6-29}$$

式中：x——断面的纵向距离；

$Z(x)$——断面高程；

$H(x)$——激光传感器到断面的垂向距离；

$A_t(s)$——加速度传感器的垂向加速度；

V^2——沿断面纵向行驶速度的平方。

最后计算机通过 IRI 的标准计算程序计算左右侧 IRI 值，保存到目标文件夹中。

6.7.4 检测频率

激光路面平整度仪测定路面平整度连续性检测。检测频率一般为每 20 m 一个测值，也可根据项目需要进行设置。

6.7.5 数据处理及评定

先将现场测试数据传输到计算机，利用 Excel 软件剔除特异值后进行数据处理与计算。

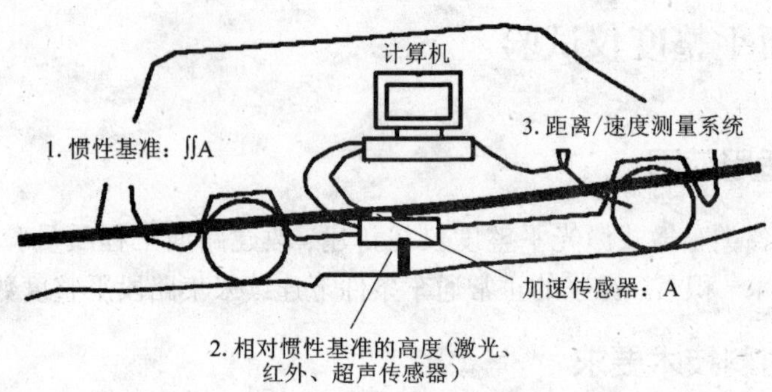

图 6-1　路面平整度测试原理示意图

按《公路技术状况评定标准》(JTG H20—2007)有关规定进行计算，应包含平整度指标的平均值，并经计算求得的每公里及各路段的道路行驶质量指数 *RQI*。

依据《公路技术状况评定标准》(JTG H20—2007)，路面平整度用路面行驶质量指数 *RQI* 评价，按式(6-30)进行计算。

$$RQI = 100/(1 + a_0 e^{a_1 IRI}) \tag{6-30}$$

式中：*IRI*——国际平整度指数；

a_0——高速公路和一级公路采用 0.026，其他等级公路采用 0.0185；

a_1——高速公路和一级公路采用 0.65，其他等级公路采用 0.58。

路面行驶质量用路面行驶质量指数 *RQI* 评价，评价等级见表 6-9。

表 6-9　*RQI* 评定等级标准

评价等级	优	良	中	次	差
RQI	≥90	≥80，<90	≥70，<80	≥60，<70	<60
转换成 *IRI*	≤2.3	>2.3，≤3.5	>3.5，≤4.3	>4.3，≤5.0	>5.0

6.8　路面雷达测试系统试验

6.8.1　目的与适用范围

可用于桥面和高速公路路面检测、无损伤评估、桥面砼分层探测、路面层厚测量、高速公路坚硬路面下高湿度聚集区及空孔的探测等，可提供全面、完整及自动的雷达探测、数据采集及数据处理功能。

6.8.2　仪具与材料技术要求

雷达测试系统由承载车、天线、雷达发射接收器和控制系统组成。

(1)承载车车型应满足设备制造商的要求。

(2)测试系统技术要求和参数：

距离标定误差：≤0.1%；

设备工作温度：0 ~40℃；

最小分辨层厚：≤40 mm；

天线：喇叭型空气耦合天线，带宽能适应所选择的发射脉冲频率；

收发器：脉冲宽度≤1.0 ns，时间信号处理能力可以适应所需的测试深度。

6.8.3　检测原理

以短脉冲雷达检测路基路面厚度为例，探地雷达系统中的发射天线向地下发出电磁脉波，此脉波在地下传播过程中遇到不同介质界面时产生反射，有接收天线接收的反射信号，转化为数字信息并传输到主机内，通过数据、图像处理，就能计算出反射体的某些参数，从而区分不同介质层面，并精确标定不同层面物体的深度(图 6 - 2)。也就是说，厚度检测的基本原理是根据电磁脉冲在基层与底基层界面的反射时间 t 和传输速度 v，求出路面厚度 $S = t \times v$。

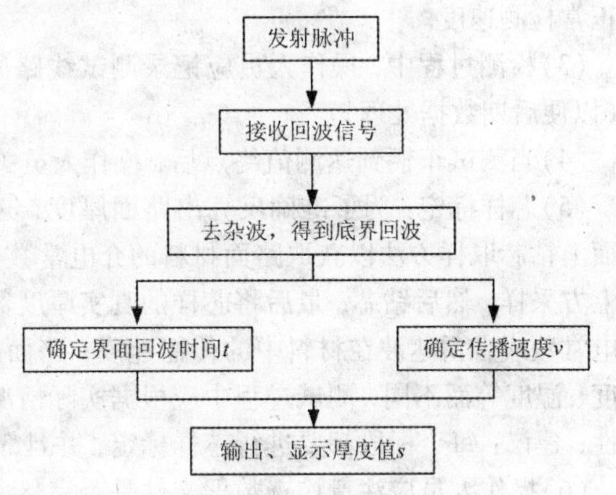

图 6 - 2　雷达测厚原理框图

在探地雷达法勘探中，电磁脉波通常近似为均匀平面波。其传播速度在高阻媒介中取决于媒介的相对介电常数 ε_r，见公式(6 - 31)：

$$V = C/\sqrt{\varepsilon_r} \tag{6-31}$$

式中：$C = 0.3$ m/ns；

ε_r——媒介的相对介电常数。

电磁脉波传播在遇到不同媒介界面时，其反射系数见公式(6 - 32)：

$$R = (\sqrt{\varepsilon_1} - \sqrt{\varepsilon_2})/(\sqrt{\varepsilon_1} + \sqrt{\varepsilon_2}) \tag{6-32}$$

由此可知，电磁脉波的反射系数取决于界面两边媒质的相对介电常数的差异，差异越大，反射系数越大。

表 6 - 10　介质物性差异表

介质结构	介电常数
沥青层	3 ~5
空气	1

6.8.4　检测频率及特点

路面沥青层厚度由 GSSI SIR - 10H 型道路雷达探测系统测试，探测雷达天线频率为 2.5 GHz，测试时每 10 m 输出一个数值。

由此可见，路面雷达测试系统有精度高，检查速度快，可得到连续的地下剖面情况，不受表面覆盖层与多层的影响，不必封锁交通，对道路无损，非接触性的检测等优点。

6.8.5 方法与步骤

(1)检查连接线安装无误后开机预热，预热时间不得少于厂商规定的时间(防止漂移)。

(2)将承载车停在起点，开启安全警示灯，启动软件测试程序，令驾驶员缓慢加速车辆到正常检测速度。

(3)检测过程中，操作人员应记录测试线路所遇到的桥梁、涵洞、隧道等构造物的起终点(以便后期数据处理)。

(4)当测试车辆到达测值终点后，操作人员关闭采集程序。

(5)芯样标定：为了准确反算出路面厚度，必须知道路面材料的介电常数，通常采用在路面上钻芯取样方法以获取路面材料的介电常数，做法是首先令雷达天线在需要标定芯样点的上方采样，然后钻芯，最后将芯样的真实厚度数据输入到计算程序中，反算出路面材料的介电常数或者雷达波在材料中的传播速度；路面材料的介电常数会随集料类型、沥青产地、密度、湿度等而不同，测试过程中应根据实际情况增加芯样钻取数量，以保证测试厚度的准确性；建议：每个标段都要进行芯样标定，并且5 km取一次芯样。

(6)操作人员应注意检查数据文件是否完整，内容是否正常，如有问题应重新测试。

(7)关闭测试系统电源，结束测试。

6.8.6 计算

根据雷达波在路面面层中的双程走时以及材料的相对介电常数，用式(6-33)确定面层厚度：

$$T=(\Delta t\times C)/[2\varepsilon_r^{(1/2)}] \tag{6-33}$$

式中：T——面层厚度(mm)；

C——电磁波在空气中的传播速度(300 mm/s)；

ε_r——相对介电常数；

Δt——雷达波在路面面层中的双程走时时间(ns)。

典型例题

例6-1 某一公路路基压实质量检验，经检测各点(共12个测点)的干密度分别为1.72, 1.69, 1.71, 1.76, 1.78, 1.76, 1.68, 1.75, 1.74, 1.73, 1.73, 1.70(g/cm^3)，最大干密度为1.82 g/cm^3。试按95%的保证率评定该路段的压实质量是否满足要求(压实度标准为93%；$n=12$时，查表得：$t_\alpha/\sqrt{n}=0.518$)。

解：

(1)计算各测点的压实度K_i(%)：

94.5 92.9 94.0 96.7 97.8 96.7 92.3 96.2 95.6 95.1 95.1 93.4

(2)计算平均值$\overline{K}$和标准偏差S：

$\overline{K}=95.0\%$ S=1.68%

(3)计算代表值：

当95%保证率

$K = \overline{K} - t_{\alpha}/\sqrt{n} \cdot S$

$= 95.0 - 0.518 \times 1.68 = 94.1\%$

(4)评定：

$K_0 = 93\%$

因 $K > K_0$　且 $K/\min = 92.3\% > 88\%$(极值标准)

所以该评定路段的压实质量满足要求。

例 6－2　某二级公路路基压实施工中，用灌砂法测定压实度，测得灌砂筒内量砂质量为 5820 g，填满标定罐所需砂的质量为 3885 g，测定砂锥的质量为 615 g，标定罐的体积 3035 cm^3，灌砂后称灌砂筒内剩余砂质量为 1314 g，试坑挖出湿土重为 5867 g，烘干土重为 5036 g，室内击实试验得最大干密度为 1.68 g/cm^3，试求该测点压实度和含水量。

解：砂的密度：$\gamma_s = \dfrac{3885}{3035} = 1.28(g/cm^3)$

填满试坑砂的质量：$m_b = m_1 - m_4 - m_2$

$= 5820 - 1314 - 615 = 3891(g)$

土体湿密度：$\rho_w = \dfrac{m_w}{m_b} \cdot \gamma_s$

、　$= \dfrac{5867}{3891} \times 1.28 = 1.93\ g/cm^3$

土体含水量：$w = \dfrac{m_w - m_d}{m_d} = \dfrac{5867 - 5036}{5036} = 16.5\%$

土体干密度：$\rho_d = \dfrac{\rho_w}{1 + 0.1w} = 1.657(g/cm^3)$

压实度：$K = \dfrac{\rho_d}{\rho_0} = \dfrac{1.657}{1.68} = 98.6\%$

例 6－3　某一级公路水泥稳定砂砾基层压实厚度检测值分别为 21.5，22.6，20.3，19.7，18.2，20.6，21.3，21.8，22.0，20.3，23.1，22.4，19.0，19.2，17.6，22.6(cm)，请按保证率 99% 计算其厚度的代表值。(已知：$t_{0.95}/\sqrt{16} = 0.438$，$t_{0.99}/\sqrt{16} = 0.651$)

解：计算题：$\overline{h} = 20.8(cm)$ $S = 1.67(cm)$

厚度代表值 $h_r = \overline{h} - t_{0.99}/\sqrt{16} \times S = 20.8 - 0.651 \times 1.67 = 19.7(cm)$

例 6－4　测定路面平整度常用的方法有哪些？各方法适用场合是什么？

常用的方法有：

(1)3 m 直尺法，用于测定压实成型的路基、路面各层表面平整度以评定路面的施工质量及使用质量，根据“评定标准”规定，不能用于测定高速公路、一级公路沥青混凝土面层和水泥混凝土面层的平整度。

(2)连续式平整度仪：用于测定路表面的平整度，评定路面的施工质量和使用质量，但不适用于已有较多的坑槽、破损严重的路面上测定。

(3)车载式颠簸累积仪：适用于测定路面表面的平整度，以评定路面的施工质量和使用期的舒适性，但不适用于已有较多坑槽、破坏严重的路面上测定。

例 6－5 灌砂法测定压实度的适用范围是什么？检测时应注意哪些问题？

(1)灌砂法适用范围。

适用于在现场测定基层(或底基层)，砂石路面及路基土的各种材料压实层的密度和压实度，也适用于沥青表面处治、沥青灌入式面层的密度和压实度检测，但不适用于填石路堤等有大孔洞或大孔隙材料的压实度检测。

(2)检测时应注意以下问题。

①量砂要规则；

②每换一次量砂都必须测定松方密度，漏斗中砂的数量也应每次重做；

③地表面处理要平整，表面粗糙时，一般宜放上基板，先测定粗糙表面消耗的量砂；

④在挖坑时试坑周壁应笔直，避免出现上大下小或上小下大的情形。

灌砂时检测厚度应为整个碾压厚度。

例 6－6 试述路面厚度的检测方法和评定方法。

(1)检测方法。

路面厚度的检测方法有挖坑法和钻孔取样法。往往与灌砂法(水袋法)、钻芯法测定压实度同步进行。

(2)评定方法。

计算厚度代表值 $x_1=\overline{x}-\frac{t_\alpha S}{\sqrt{n}}$

当厚度代表值大于或等于设计厚度减去代表值允许偏差时，则按单个检查值的偏差是否超过极值来评定合格率并计算相应的分数，当厚度代表值小于设计厚度减去代表值允许偏差时，则厚度指标评为零分。

思考与练习

1. 影响沥青路面压实度的因素有哪些？沥青路面压实度不足会引起哪些病害？
2. 怎样保证沥青路面的渗水性能？
3. 从施工工艺角度谈谈为保障沥青路面平整度的具体措施。
4. 回弹弯沉值的测定受哪些影响？路表设计弯沉值应考虑哪些方面的因素？
5. 路面铺筑完成前应从哪些方面保证路表面的抗滑性能？

第 7 章

公路工程集料性能试验与检测技术

7.1　粗集料取样法

7.1.1　取样方法和试样份数

(1)通过皮带运输机的材料如采石场的生产线、沥青拌和的冷料输送带、无机结合料稳定集料、级配碎石混合料等，应从皮带运输机上采集样品。取样时，可在皮带运输机骤停的状态下取其中一截的全部材料(图 7 -1)，或在皮带运输机的端部连续接一定时间的料得到，将间隔 3 次以上所取的试样组成一组试样，作为代表性试样。

图 7 -1　在皮带运输机上取样方法

(2)在材料场同批来料的料堆上取样时，应先铲除堆脚等处无代表性的部分，再在料堆的顶部冲部和底部，各由均匀分布的几个不同部位，取得大致相等的若干份组成一组试样，务必使所取试样能代表本批来料的情况和品质。

(3)从火车、汽车、货船上取样时，应从各不同部位和深度处，抽取大致相等的试样若干份，组成一组试样。抽取的具体份数，应视能够组成本批来料代表样的需要而定。

①如经观察，认为各节车皮汽车或货船的碎石或砾石的品质差异不大时，允许只抽取一节车皮、一部汽车、一艘货船的试样(即一组试样)，作为该批集料的代表样品。

②如经观察，认为该批碎石或砾石的品质相差甚远时，则应对品质再怀疑的该批集料，分别取样和验收。

(4)从沥青拌和的热料仓取样时，应在放料口的全断面上取样通常宜将一开始按正式生产的配比投料拌和的几锅(至少 5 锅以上)废弃，然后分别将每个热料仓放出至装载机上，倒在水泥地上，适当拌和，从 3 处以上的位置取样，拌和均匀，取要求数量的试样。

7.1.2　取样数量

对每一单项试验，每组试样的取样数量宜不少于表 7 - 1 所规定的最少取样量。需做几项试验时，如确能保证试样经一项试验后不致影响另一项试验的结果时，可用同一组试样进行几项不同的试验。

表7－1 各试验项目所需粗集料的最小取样质量

试验项目	相对于下列公称最大粒径(mm)的最小取样量(kg)										
	4.75	9.5	13.2	16	19	26.5	31.5	37.5	53	63	75
筛分	8	10	12.5	15	20	20	30	40	50	60	80
表观密度	6	8	8	8	8	8	12	16	20	24	24
含水率	2	2	2	2	2	2	3	3	4	4	6
吸水率	2	2	2	2	4	4	4	6	6	6	8
堆积密度	40	40	40	40	40	40	80	80	100	120	120
含泥量	8	8	8	8	24	24	40	40	60	80	80
泥块含量	8	8	8	8	24	24	40	40	60	80	80
针片状含量	0.6	1.2	2.5	4	8	8	20	40	-	—	—
硫化物、硫酸盐	1.0										

注：①有机物含量，坚固性及压碎指标值试验。应按规定粒级要求取样，其试验所需试样数量，接本规程有关规定施行。
②采用广口瓶法测定表观密度时，集料最大粒径不大于40 mm者，其最少取样数量为8 kg。

7.1.3 试样的缩分

(1)分料器法：将试样拌匀后，通过分料器分为大致相等的两份，再取其中的一份分成两份，缩分至需要的数量为止。

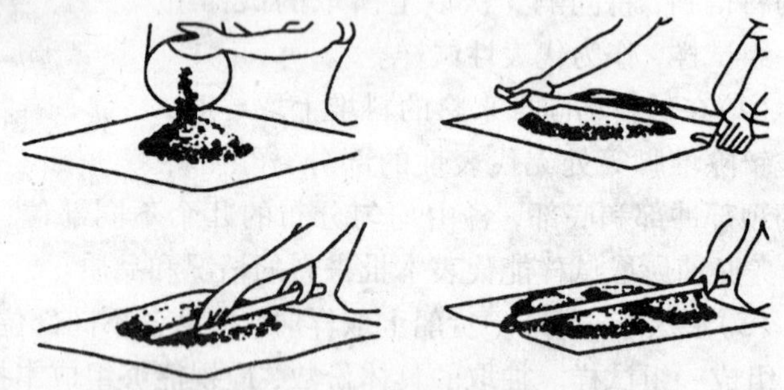
图7－2 四分法示意图

(2)四分法：如图7－2所示。将所取试样置于平板上，在自然状态下拌和均匀，大致摊平，然后沿互相垂直的两个方向，把试样由中向边摊开，分成大致相等的四份。取其对角的两份重新拌匀，重复上述过程，直至缩分后的材料量略多于进行试验所必需的量。

(3)缩分后的试样数量应符合各项试验规定数量的要求。

7.1.4 试样的包装

每组试样应采用能避免细料散失及防止污染的容器包装，并附卡片标明试样编号，取样时间、产地、规格、试样代表数量、试样品质、要求检验项目及取样方法等。

7.2　岩石单轴抗压强度试验

7.2.1　目的和适用范围

(1)单轴抗压强度试验是测定规则形状岩石试件单轴抗压强度的方法，主要用于岩石的强度分级和岩石的描述。

(2)本法采用饱和状态下的岩石立方体(或圆柱体)试件的抗压强度来评定岩石强度(包括碎石或卵石的原始岩石强度)。

(3)在某些情况下，试件含水状态还可根据需要选择天然状态、烘干状态或冻融循环后状态。试件的含水状态要在试验报告中注明。

7.2.2　仪器设备

(1)压力试验机或万能试验机。

(2)钻石机、切石机、磨石机等岩石试件加工设备。

(3)烘箱、干燥器、游标卡尺、角尺及水池等。

7.2.3　试件制备

(1)建筑地基的岩石试验，采用圆柱体作为标准试件，直径为(50 ±2)mm、高径比为2:1。每组试件共6个。

(2)桥梁工程用的石料试验，采用立方体试件，边长为(70 ±2)mm。每组试件共6个。

(3)路面工程用的石料试验，采用圆柱体或立方体试件，其直径或边长和高均为(50 ±2)mm。每组试件共6个。

有显著层理的岩石，分别沿平行和垂直层理方向各取试件6个。试件上、下端面应平行和磨平，试件端面的平面度公差应小于0.5 mm，端面对于试件轴线垂直度偏差不应超过0.25°。对于非标准圆柱体试件，试验后抗压强度试验值按 $R_e=\dfrac{8R}{7+2D/H}$进行换算。

7.2.4　试验步骤

(1)用游标卡尺量取试件尺寸(精确至0.1 mm)，对立方体试件在顶面和底面上各量取其边长，以各个面上相互平行的两个边长的算术平均值计算其承压面积；对于圆柱体试件在顶面和底面分别测量两个相互正交的直径，并以其各自的算术平均值分别计算底面和顶面的面积，取其顶面和底面面积的算术平均值作为计算抗压强度所用的截面积。

(2)试件的含水状态可根据需要选用烘干状态、天然状态、饱和状态、冻融循环后状态。试件烘干和饱和状态应符合《公路工程岩石试验规程))T 0205 相关条款的规定，试件冻融循环后状态应符合《公路工程岩石试验规程》T 0241 中相关条款的规定。

(3)按岩石强度性质，选定合适的压力机。将试件置于压力机的承压板中央，对正上、下承压板，注意不得偏心。

(4)以0.5 ~1.0 MPa/s 的速率进行加荷直至破坏，记录破坏荷载及加载过程中出现的现象。抗压试件试验的最大荷载记录以 N 为单位，精度 1%。

7.2.5 结果整理

(1)岩石的抗压强度和软化系数按式(7－1)，(7－2)计算。

$$R=\frac{P}{A} \tag{7-1}$$

式中：R——岩石的抗压强度(MPa)；

P——试件破坏时的荷载(N)；

A——试件的截面积(mm^2)。

$$K_P=\frac{R_W}{R_d} \tag{7-2}$$

式中：K_P——软化系数；

R_W——岩石饱和状态下的单轴抗压强度(MPa)；

R_d——岩石烘干状态下的单轴抗压强度(MPa)。

(2)单轴抗压强度试验结果，应同时列出每个试件的试验值及同组岩石单轴抗压强度的平均值；有显著层理的岩石，分别报告垂直与平行层理方向的试件强度的平均值。计算精确至 0.01 MPa。

软化系数计算值精确至0.01，3 个试件平行测定，取算术平均值；3 个值中最大与最小之差的平均值作为试验结果，同时在报告中将 4 个值全部给出。

(3)试验记录。

单轴抗压强度试验记录应包括岩石名称、试验编号、试件编号、试件描述、试件尺寸、破坏荷载、破坏形态。

7.3 粗集料磨耗试验(洛杉矶法)

7.3.1 试验目的

(1)测定标准条件下粗集料抵抗摩擦、撞击的能力，以磨耗损失(%)表示。

(2)本方法适用于各种等级规格石料的磨耗试验。

7.3.2 仪器设备

(1)洛杉矶磨耗试验机。

(2)钢球。

(3)台称：感量 5 g。

(4)标准筛：符合要求的标准筛系列，以及筛孔为 1.7 mm 的方孔筛。

(5)烘箱：能使温度控制在(105 ±5)℃范围内。

(6)容器：搪瓷盘等。

7.3.3　试验步骤

(1)将不同规格的集料用水冲洗干净，置烘箱中烘干至恒重。

(2)对所使用的集料，按表7-2选择最接近的粒级类别，确定相应的实验条件，按规定的粒级组成备料、筛分。其中水泥混凝土用集料宜采用A级粒度；沥青路面及各种基层、底基层的粗集料，表中的16 mm筛孔也可用13.2 mm筛孔代替。对非规格材料，应根据材料的实际粒度，从表3-2中选择最接近的粒级类别及试验条件。

表7-2　粗集料洛杉矶试验条件

粒度类别	粒级组成（方孔筛）(g)	试样质量(g)	试样总质量(g)	钢球数量(个)	钢　球总质量(g)	转动次数(转)	适用的粗集料	
							规格	公称粒径(mm)
A	26.5~37.5 19.0~26.5 16.0~19.0 9.5~16.0	1250±25 1250±25 1250±10 1250±10	5000±10	12	5000±25	500		
B	19.0~26.5 16.0~19.0	2500±10 2500±10	5000±10	11	4850±25	500	S6 S7 S8	15~30 10~30 15~25
C	4.75~9.5 9.5~16.0	2500±10 2500±10	5000±10	8	3330±20	500	S9 S10 S11 S12	10~20 10~15 5~15 5~10
D	2.36~4.75	5000±10	5000±10	6	2500±15	500	S13 S14	3~10 3~5
E	63~75 53~63 37.5~53	2500±50 2500±50 5000±50	10000±100	12	5000±25	1000	S1 S2	40~75 40~60
F	37.5~53 26.5~37.5	5000±50 5000±25	10000±75	12	5000±25	1000	S3 S4	30~60 25~50
G	26.5~37.5 19~26.5	5000±25 5000±25	10000±50	12	5000±25	1000	S5	20~40

注：①表中16 mm也可用13.2 mm代替；

②A级适用于未筛碎石混合料；

③C级中S12可全部采用4.75~9.5 mm颗粒5000 g。S9及S10可全部采用9.5~16 mm颗粒5000 g；

④E级中S2中缺63~75 mm颗粒可用53~63 mm颗粒代替。

(3)分级称量(准确至5 g),称取总质量(m_1),装入磨耗机的圆筒中。

(4)选择钢球,使钢球的数量及总质量符合表中规定。将钢球加入钢筒中,盖好筒盖,紧固密封。

(5)将计数器调整到零位,设定要求的回转次数,对水泥混凝土集料,回转次数为500转,对沥青混合料集料,回转次数应符合表7-2的要求。开动磨耗机,以30~33 r/min的转速转动至要求的回转次数为止。

(6)取出钢球,将经过磨耗后的试样从投料口倒入接受容器(搪瓷盘)中。

(7)将试样用1.7 mm的方孔筛过筛,筛去试样中被撞击磨碎的细屑。

(8)用水冲干净留在筛上的碎石,置(105±5)℃烘箱中烘干至恒重(通常不少于4 h),准确称量(m_2)。

7.3.4 结果整理

(1)按下式计算粗集料洛杉矶磨耗损失,准确至0.1%。

$$Q = \frac{m_1 - m_2}{m_1} \times 100\% \tag{7-3}$$

式中:Q——洛杉矶磨耗损失,%;

m_1——装入圆筒中的试样质量,g;

m_2——试验后在1.7 mm(方孔筛)或2 mm(圆孔筛)筛上的洗净烘干的试样质量,g。

7.3.5 注意事项

(1)试验报告应记录所使用的粒级类别和试验条件。

(2)粗集料的磨耗损失取两次平行试验结果的算术平均值为测定值,两次试验的差值不大于2%,否则须重做试验。

7.4 粗集料压碎值试验

7.4.1 水泥混凝土用粗集料压碎值试验

目的与适用范围。

测定碎石或砾石抵抗压碎的能力,间接地推测其相应的强度,以鉴定水泥混凝土粗集料品质。

7.4.1.1 仪具与材料

(1)压力试验机。

荷载300 kN以上。

(2)压碎指标值测定仪。

(3)圆孔筛。

孔径分别为2.5 mm、10 mm、20 mm。

7.4.1.2 试验准备

(1)将试样筛去10 mm以下及20 mm以上的颗粒,采用10~20 mm的颗粒作为标准试样，并在气干状态下进行试验。

注：对多种岩石组成的砾石，如其粒径大于20 mm颗粒的岩石矿物成分与10~20 mm颗粒有显著差异时，对大于20 mm的颗粒应经人工破碎后筛取10~20 mm标准粒级另外进行压碎指标值试验。

(2)用针状和片状规准仪剔除试样中的针状和片状颗粒，然后称取每份约3 kg的试样3份备用。

7.4.1.3　试验步骤

(1)置圆筒于底盘上，取试样1份，分两层装入筒内，每装完一层试样后，在底盘正面垫放一直径为10 mm的圆钢筋，将筒按住，左右交替颠击地面各25下，第二层颠实后，试样表面距离盘底的高度应控制在100 mm左右。

(2)整平筒内试样表面，把加压块装好(注意应使加压块保持平正)，放到试验机上，在3~5 min内均匀地加荷到200 kN，稳定5 s，然后卸荷，取出测定筒，倒出筒中的试样称其质量(m_0)，用孔径为2.5 mm的筛筛除被压碎的细粒，称量剩留在筛上的试样质量(m_1)。

7.4.1.4　计算

(1)碎石或砾石的压碎指标值按式(7-4)计算，准确至0.1%。

$$Q_a=(m_0-m_1)/m_0\times100\% \tag{7-4}$$

式中：Q_a——压碎值，%；

m_0——试样的质量，g；

m_1——试验后筛余的试样质量，g。

(2)对多种岩石组成的砾石，如对20 mm以下和20 mm以上的标准粒级(10~20 mm)分别进行检验，则其总的压碎指标值Q_a按式(7-5)计算。

$$Q_a=(\alpha_1 Q_{a1}+\alpha_2 Q_{\alpha2})/(\alpha_1+\alpha_2)\times100\% \tag{7-5}$$

式中：Q_a——压碎值，%；

α_1，α_2——试样中20 mm以下和20 mm以上两种岩石粒级的颗粒含量百分率，%；

Q_{a1}，Q_{a2}——两种粒级以标准粒级试验的分计压碎指标值，%。

以三次平行试验结果的算术平均值作为压碎指标的测定值。

7.4.2　沥青路面用粗集料压碎值试验

(1)目的与适用范围。

集料压碎值用于衡量石料在逐渐增加的荷载下抵抗压碎的能力，是衡量石料力学性质的指标。本指标鉴定公路路面基层、底基层及沥青面层的粗集料品质，以评定其在工程中的适用性。

(2)仪具与材料。

石料压碎值试验仪：由内径150 mm、两端开口的钢制圆形试筒、压柱和底板组成，其形状和尺寸如表7-3所示。试筒内壁、压柱的底面及底板的上表面等与石料接触的表面都应进行热处理，使表面硬化，达到维氏硬度65℃并保持光滑状态。

表7-3 试筒、压柱和底板尺寸表

部位	符号	名称	尺寸(mm)
试筒	A	内径	150 ±0.3
	B	高度	125 ~128
	C	壁厚	不小于12
压柱	D	压头直径	149 ±0.2
	E	压杆直径	100 ~149
	F	压柱总长	100 ~110
	G	压头厚度	不小于25
底板	H	直径	200 ~220
	I	厚度(中间部分)	6.4 ±0.2
	J	边缘厚度	10 ±0.2

金属棒：直径10 mm，长45 ~60 mm，一端加工成半球形。

①天平。称量2 ~3 kg，感量不大于1 g。

②方孔筛。筛孔尺寸16 mm、13.2 mm、2.36 mm筛各一个。

③压力机。500 kN，应能在10 min内达到400 kN。

④金属筒。圆柱形，内径112.0 mm，高179.4 mm，容积1767 cm^3。

7.4.2.1 试验准备

(1)用13.2 mm和16 mm标准筛过筛，取13.2 ~16 mm的试样3 kg，供试验用。

试样宜采用风干石料，如需加热烘干时，烘箱温度不应超过100℃，烘干时间不超过4 h。试验前，石料应冷却至室温。

(2)每次试验的石料数量应满足按下述方法夯击后石料在试筒内的深度为10 cm。

在金属筒中确定石料数量的方法如下：

将石料分三层倒入量筒中，每层数量大致相同。每层都用金属棒的半球面端从石料表面上约50 mm的高度处自由下落均匀夯击25次，最后用金属棒作为直刮刀将表面刮平。称取量筒中试样质量(m_0)。以相同质量的试样进行压碎值的平行试验。

7.4.2.2 试验步骤

(1)将试筒安放在底板上。

(2)将上面所得试样分三次(每次数量相同)倒入试筒中，每次均将试样表面整平，并用金属棒按上述步骤夯击25次，最上层表面应仔细整平。

(3)压柱放入试筒内石料面上，注意使压柱摆平，勿楔挤筒壁。

(4)将装有试样的试筒连同压柱放到压力机上，均匀地施加荷载，在10 min时达到总荷载400 kN。

(5)达到总荷载400 kN后，立即卸荷，将试筒从压力机上取下。

(6)将筒内试样取出，注意勿进一步压碎试样。

(7)用2.36 mm筛筛分经压碎的全部试样，可分几次筛分，均需筛到在1 min内无明显的筛出物为止。

(8)称取通过 2.36 mm 筛孔的全部细料质量(m_1)。

7.4.2.3　计算

石料压碎值按式(7－6)计算，准确至 0.1%。

$$Q'_a = m_1 / m_0 \times 100\% \tag{7-6}$$

式中：Q'_a——石料压碎值，%；

m_0——试验前试样质量，g；

m_1——试验后通过 2.36 mm 筛孔的细料质量，g。

以两次平行试验结果的算术平均值作为压碎值的测定值。

7.5　粗集料密度试验(网篮法)

7.5.1　试验目的

测定碎石、砾石等各种粗集料的表观相对密度、表干相对密度、毛体积相对密度、表观密度、表干密度、毛体积密度。为水泥砼配合比或沥青混合料配合比设计提供数据。

7.5.2　仪器设备

天平或浸水天平、吊篮、溢流水槽、烘箱、温度计、标准筛、盛水容器、毛巾等。

7.5.3　试验步骤

(1)准备工作。

①将试样用 4.75 mm 方孔筛过筛，用四分法缩分至要求的质量，分两份备用。

②经缩分后供测定密度的粗集料质量应符合表 7－4 的规定。

表 7－4　测定密度所需要的试样最小质量

公称最大粒径(mm)	4.75	9.5	16	19	26.5	31.5	37.5	63	75
每一份试样的最小质量(kg)	0.8	1	1	1	1.5	1.5	2	3	3

③将每份试样浸泡在水中，仔细洗去附在集料表面的尘土和石粉。

(2)取试样一份装入干净的搪瓷盘中，注入洁净的水，水面至少应高出试样 2 cm，轻轻搅动石料，使附在石料上的气泡逸出。在室温下保持浸水 24 h。

(3)将吊篮挂在天平的吊钩上，放入溢流水槽中，向溢流水槽内注水，待水面与水槽的溢流孔水平时为止，将天平调零。并量测水温(水温控制在 15～25℃)。

(4)将试样移入吊篮中。溢流水槽中的水面高度由水槽的溢流孔控制，维持不变。称取集料在水中的质量(m_w)。

(5)提起吊篮，稍稍滴水后，将试样倒入浅搪瓷盘中，用拧干的湿毛巾轻轻擦干颗粒的表面水，至表面看不到发亮的水迹，即为饱和面干状态。当粗集料尺寸较大时，可逐颗擦干。

整个过程中不得有集料丢失。

(6)立即在保持表干状态下，称取集料的表干质量(m_f)。

(7)将集料置于浅盘中，放入(105±5)℃的烘箱中烘干至恒重。取出浅盘，放在带盖的容器中冷却至室温，称取集料的烘干质量(m_a)。

7.5.4 结果整理

(1)表观相对密度γ_a、表干相对密度γ_s、毛体积相对密度γ_b、表观密度ρ_a、表干密度ρ_s、毛体积密度ρ_b按下式计算至小数点后3位。

$$\gamma_a = \frac{m_a}{m_a - m_w} \quad \rho_a = \gamma_a \times \rho_T \text{ 或 } \rho_a = (\gamma_a - a_T) \times \rho_w \tag{7-7}$$

$$\gamma_s = \frac{m_f}{m_f - m_w} \quad \rho_s = \gamma_s \times \rho_T \text{ 或 } \rho_s = (\gamma_s - a_T) \times \rho_w \tag{7-8}$$

$$\gamma_b = \frac{m_a}{m_f - m_w} \quad \rho_b = \gamma_b \times \rho_T \text{ 或 } \rho_b = (\gamma_b - a_T) \times \rho_w \tag{7-9}$$

式中：γ_a——集料的表观相对密度，无量纲；

ρ_a——粗集料的表观密度，g/cm³；

γ_s——集料的表干相对密度，无量纲；

ρ_s——粗集料的表干密度，g/cm³；

γ_b——集料的毛体积相对密度，无量纲；

ρ_b——粗集料的毛体积密度，g/cm³；

m_a——集料的烘干质量，g；

m_f——集料的表干质量，g；

m_w——集料的水中质量，g；

ρ_w——水在4℃时的密度(1.000 g/cm³)；

ρ_T——试验温度T时水的密度，按下表取用，g/cm³；

a_T——试验温度T时的水温修正系数，按表7－5取用。

表7－5 不同水温时水的密度ρ_T及水温修正系数a_T

水温(℃)	15	16	17	18	19	20
水的密度ρ_T(g/cm³)	0.99913	0.99897	0.99880	0.99862	0.99843	0.99822
水温修正系数a_T	0.002	0.003	0.003	0.004	0.004	0.005
水温(℃)	21	22	23	24	25	
水的密度ρ_T(g/cm³)	0.99802	0.99779	0.99756	0.99733	0.99702	
水温修正系数a_T	0.005	0.006	0.006	0.007	0.007	

(2)集料的含水率以烘干试样为基准，按式(7－10)计算，精确至0.01%。

$$\omega_x = \frac{m_f - m_a}{m_a} \times 100\% \tag{7-10}$$

式中：ω_x——粗集料的吸水率，%。

7.5.5　注意事项

(1)对沥青路面用粗集料，应对不同规格的集料分别测定，不得混杂，所取的每一份集料试样应基本上保持原有的级配。

(2)清洗过程与用毛巾擦拭过程中不得散失集料颗粒。

(3)对同一规格的集料应平行试验两次，取平均值作为试验结果。两次结果之差相对密度不得超过 0.02，吸水率不得超过 0.2%。

7.6　粗集料堆积密度及空隙率试验

7.6.1　试验目的

测定粗集料的堆积密度，包括自然堆积状态、振实状态、捣实状态下的堆积密度，以及堆积状态下的空隙率(或间隙率)。为配合比设计提供数据。

7.6.2　仪器设备

(1)天平或台秤：感量不大于称量的 0.1%。

(2)容量筒：适用于粗集料堆积密度测定的容量筒应符合表 7-6 的要求。

表 7-6　水泥混凝土集料容量筒的规格要求

粗集料公称最大粒径(mm)	容量筒容积(*L*)	容量筒规格(mm)			筒壁厚度(mm)
		内径	净高	底厚	
≤4.75	3	155 ±	160 ±2	5.0	2
9.5 ~26.5	10	205 ±2	305 ±2	5.0	3
31.5 ~37.5	15	255 ±5	295 ±5	5.0	4
≥53	20	355 ±5	305 ±5	5.0	3.0

(3)平头铁锹。

(4)烘箱：能控温(105 ±5)℃。

(5)振动台：频率为(3000 ±200)次/min，负荷下的振幅为 0.35 mm，空载时的振幅为 0.5 mm。

(6)捣棒：直径 16 mm，长 600 mm，一端为圆头的钢棒。

(7)玻璃片。

7.6.3　试验步骤

(1)按粗集料的取料方法取样、缩分，质量应满足试验要求，在(105 ±5)℃的烘箱中烘干，也可以摊在清洁的地面上风干，拌匀后分成两份备用。

(2)称取容量筒的质量(m_1)。

(3)容量筒容积的标定。

①称取容量筒+玻璃片的质量(m_1)。

②用水装满容量筒，测量水温，擦干筒外壁的水分，称取容量筒+玻璃片+水的总质量(m_w)，并按水的密度对容量筒的容积作校正。

$$V=\frac{m_w-m_1}{\rho_w}\times 1000 \tag{7-11}$$

式中：V——容量筒的容积，L；

m'_1——容量筒+玻璃片的质量，kg；

m_w——容量筒+玻璃片+水的总质量，kg；

ρ_w——试验温度 T 时水的密度，按粗集料密度试验表中选用，kg/m^3；

(4)自然堆积密度。

取试样1份，置于平整干净的水泥地(或铁板)上，用平头铁锹铲起试样，使石子自由落入容量筒内。此时，从铁锹的齐口至容量筒上口的距离应保持为50 mm左右，装满容量筒并除去凸出筒口表面的颗粒，并以合适的颗粒填入凹陷空隙，使表面稍凸起部分和凹陷部分的体积大致相等，称取试样和容量筒总质量(m_2)。

(5)振实密度。

按堆积密度试验步骤，将装满试样的容量筒放在振动台上，振动3 min，或者将试样分三层装入容量筒：装完一层后，在筒底垫放一根直径为25 mm的圆钢筋，将筒按住，左右交替颠击地面各25下；然后装入第二层，用同样的方法颠实(但筒底所垫钢筋的方向应与第一层放置方向垂直)；然后再装入第三层，如法颠实；待三层试样装填完毕后，加料填到试样超出容量筒口，用钢筋沿筒口边缘滚转，刮下高出筒口的颗粒，用合适的颗粒填平凹处，使表面稍凸起部分和凹陷部分的体积大致相等，称取试样和容量筒总质量(m_2)。

(6)捣实密度。

将试样装入符合要求规格的容器中达1/3的高度，由边至中用捣棒均匀捣实25次。再向容器中装入1/3高度的试样，用捣棒均匀地捣实25次，捣实深度约至下层的表面。然后重复上一步骤，加最后一层，捣实25次，使集料与容器口齐平。用合适的集料填充表面的大空隙，用直尺大体刮平，目测估计表面凸起的部分与凹陷的部分的容积大致相等，称取容量筒与试样的总质量(m_2)。

7.6.4 结果整理

(1)堆积密度(包括自然堆积状态、振实状态、捣实状态下的堆积密度)按式(7-12)计算至小数点后2位。

$$\rho=\frac{m_2-m_1}{V} \tag{7-12}$$

式中：ρ——堆积密度，kg/m^3；

m_1——容量筒的质量，kg；

m_2——容量筒与相应状态下试样的总质量，kg；

V——容量筒的容积，L。

(2)水泥混凝土用粗集料的空隙率按式(7-13)计算。

$$V_c = \left(1 - \frac{\rho}{\rho_a}\right) \times 100\% \quad (7-13)$$

式中：V_c——水泥混凝土用粗集料的空隙率，%；

ρ_a——粗集料的表观密度，kg/m^3；

ρ——粗集料的振实密度，kg/m^3。

(3)沥青混凝土用粗集料骨架捣实状态下的间隙率按式(7-14)计算。

$$VCA_{DRC} = \left(1 - \frac{\rho}{\rho_b}\right) \times 100 \quad (7-14)$$

式中：VCA_{DRC}——捣实状态下粗集料骨架间隙率，%；

ρ_b——粗集料的毛体积密度，kg/m^3；

ρ——粗集料的捣实密度，kg/m^3。

7.6.5 注意事项

水泥砼配合比设计时采用空隙率 V_c，而沥青玛蹄脂碎石混合料(*SMA*)进行配合比设计时采用间隙率 VCA_{DRC}。

7.7 细集料表观密度试验(容量瓶法)

7.7.1 试验目的

(1)用容量瓶法测定细集料(天然砂、石屑、机制砂)在23℃是对水的表观相对密度和表观密度。本方法适用于含有少量大于2.36 mm部分的细集料。

(2)为配合比设计提供数据。

7.7.2 仪器设备

(1)天平：称量1 kg，感量不大于1 g。

(2)容量瓶：500 mL。

(3)烘箱：能控温在(105±5)℃。

(4)烧杯：500 mL。

(5)洁净水、干燥器、浅盘、铝制料勺、温度计等。

7.7.3 试验步骤

(1)将缩分至650 g左右的试样在温度为(105±5)℃的烘箱中烘干至恒重，并在干燥器内冷却至室温，分成两份备用。

(2)称取烘干的试样约300 g(m_0)，装入盛有半瓶洁净水的容量瓶中。

(3)摇转容量瓶，使试样在水中充分搅动以排除气泡，静置24 h左右，然后用滴管添水，使凹液面底部与瓶颈刻度线平齐，擦干瓶外水分，称其总质量(m_1)。

(4)倒出瓶中的水和试样，将瓶的内外表面洗净，再向瓶内注入与以上水温相差不超过

2℃的洁净水，使凹液面底部至瓶颈刻度线，擦干瓶外水分，称其总质量(m_2)。

7.7.4 结果整理

砂的表观相对密度 γ_a 及表观密度 ρ_a 按式(7－15)和式(7－16)计算至小数点后3位。

$$\gamma_a = \frac{m_0}{m_0 - m_1 + m_2} \tag{7-15}$$

$$\rho_a = \gamma_a \times \rho_T \text{ 或 } \rho_a = (\gamma_a - a_T) \times \rho_w \tag{7-16}$$

式中：γ_a——砂的表观相对密度，无量纲；

m_0——试样的烘干质量，g；

m_1——试样、水及容量瓶总质量，g；

m_2——水及容量瓶总质量，g。

ρ_a——砂的表观密度，g/cm^3；

ρ_w——水在4℃时的密度，1000 kg/m^3；

a_T——试验时的水温对水密度影响的修正系数，按表7－7取用；

ρ_T——试验温度 T 时水的密度，按表7－7取用，g/cm^3。

表7－7 不同水温时水的密度 ρ_T 及水温修正系数 a_T

水温(℃)	15	16	17	18	19	20
水的密度 ρ_T(g/cm^3)	0.99913	0.99897	0.99880	0.99862	0.99843	0.99822
水温修正系数 a_T	0.002	0.003	0.003	0.004	0.004	0.005
水温(℃)	21	22	23	24	25	
水的密度 ρ_T(g/cm^3)	0.99802	0.99779	0.99756	0.99733	0.99702	
水温修正系数 a_T	0.005	0.006	0.006	0.007	0.007	

7.7.5 注意事项

(1)以两次平行试验结果的算术平均值作为测定值，如两次结果之差值大于0.01 g/cm^{3}时，应重新取样进行试验。

(2)对于沥青路面的人工砂与石屑表观密度的测定宜采用李氏比重瓶法试验。

(3)在砂的表观密度试验过程中应测量并控制水的温度，试验期间的温差不得超过1℃。

7.8 细集料堆积密度及紧装密度试验

7.8.1 试验目的

测定砂自然状态下堆积密度、紧装密度及空隙率。

7.8.2　仪器设备

(1)台秤：称量 5 kg，感量 5 g。

(2)容量筒：圆筒形，容积约为 1 L。

(3)标准漏斗。

(4)烘箱：能控温在(105 ±5)℃。

(5)其他：小勺、直尺、浅盘、玻璃片等。

7.8.3　试验步骤

(1)试样制备：用浅盘装来样约 5 kg，在温度为(105 ±5)℃的烘箱中烘干至恒重，取出并冷却至室温，分成大致相等的两份备用。

(2)称取容量筒质量 m_0。

(3)容量筒容积的标定。

①称取容量筒 + 玻璃片的质量(m'_1)。

②用水装满容量筒，测量水温，擦干筒外壁的水分，称取容量筒 + 玻璃片 + 水的总质量(m_w)，并按水的密度对容量筒的容积作校正。

$$V = \frac{m_w - m'_1}{\rho_w} \tag{7-17}$$

式中：V——容量筒的容积，mL；

m'_1——容量筒 + 玻璃片的质量，g；

m_w——容量筒 + 玻璃片 + 水的总质量，g；

ρ_w——试验温度 T 时水的密度，按细集料表观密度试验表中选用，g/cm³。

(4)堆积密度：将试样装入漏斗中，打开底部的活动门，将砂流入容量筒中，也可直接用小勺向容量筒中装试样，但漏斗出料口或料勺距容量筒筒口均应为 50 mm 左右，试样装满并超出容量筒筒口后，用直尺将多余的试样沿筒口中心线向两个相反方向刮平，称取质量(m_1)。

(5)紧装密度：取试样 1 份，分两层装入容量筒。装完一层后，在筒底垫放一根直径为 10 mm 的钢筋，将筒按住，左右交替颠击地面各 25 下，然后再装入第二层。

第二层装满后用同样方法颠实(但筒底所垫钢筋的方向应与第一层放置方向垂直)。两层装完并颠实后，添加试样超出容量筒筒口，然后用直尺将多余的试样沿筒口中心线向两个相反方向刮平，称其质量(m_2)。

7.8.4　结果整理

(1)堆积密度及紧装密度分别按式(7-18)和式(7-19)计算至 0.01 g/cm³。

$$\rho = \frac{m_1 - m_0}{V} \tag{7-18}$$

$$\rho' = \frac{m_2 - m_0}{V} \tag{7-19}$$

式中：ρ——砂的堆积密度，g/cm³；

ρ'——砂的紧装密度，g/cm^3；

m_0——容量筒的质量，g；

m_1——容量筒和堆积密度砂总质量，g；

m_2——容量筒和紧装密度砂的总质量，g；

V——容量筒容积，mL；

(2)砂的空隙率按式(7-20)计算至0.1%。

$$n=\left(1-\frac{\rho}{\rho_a}\right)\times 100\% \tag{7-20}$$

式中：n——砂的空隙率，%；

ρ——砂的堆积或紧装密度，g/cm^3；

ρ_a——砂的表观密度，g/cm^3。

7.8.5 注意事项

(1)堆积密度或紧装密度以两次试验结果的算术平均值作为测定值。

(2)制备烘干试样如有结块，应在试验前先予捏碎。

7.9 细集料筛分试验

7.9.1 试验目的

(1)测定细集料(天然砂、人工砂、石屑)的颗粒级配并确定其粗细程度。

(2)为砼配合比设计提供依据。

7.9.2 仪器设备

(1)标准筛：孔径9.5 mm、4.75 mm、2.36 mm、1.18 mm、0.6 mm、0.3、0.15 mm、0.075 mm的方孔筛。

(2)天平：称量1000 g，感量不大于0.5 g。

(3)烘箱：能控温在(105±5)℃。

(4)摇筛机。

(5)其他：浅盘和软毛刷等。

7.9.3 试验步骤

(1)试验准备：根据样品中最大粒径的大小，选用适宜的标准筛，对于水泥混凝土用天然砂通过为9.5 mm筛筛除其中的超粒径材料，然后将样品在潮湿状态下充分拌匀，用分料器法或四分法缩分至每份不少于55 g的试样两份，在(105±5)℃的烘箱中烘干至恒重，冷却至室温后备用。

(2)水泥混凝土用砂(干筛法)，按下列步骤筛分：

①准确称取烘干试样约500 g(m)，准确至0.5 g。置于套筛的最上一只筛，即5 mm筛上，将套筛装入摇筛机，摇筛约10 min，然后取出套筛，再按筛孔大小顺序，从最大的筛号开

始，在清洁的浅盘上逐个进行手筛，直到每分钟的筛出量不超过筛上剩余量的1%时为止，将筛出通过的颗粒并入下一号筛，和下一号筛中的试样一起过筛，这样顺序进行，直到各号筛全部筛完为止。

②称量各筛筛余试样的质量(m_i)，精确至0.5 g。所有各筛的分计筛余量和底盘中剩余量的总量与筛分前的试样总量相比，其相差不得超过1%。

7.9.4　结果整理

(1)分计筛余百分率 a_i 计算：

各号筛的分计筛余百分率为各号筛上的筛余量(m_i)除以试样总量(m)的百分率，准确至0.1%。

(2)累计筛余百分率 A_i 计算：

各号筛的累计筛余百分率为该号筛及大于该号筛的各号筛的分计筛余百分率之和，准确至0.1%。

(3)质量通过百分率 P_i 计算：

各号筛的质量通过百分率 P_i 等于100减去该号筛的累计筛余百分率，准确至0.1%。

(4)细度模数 M_x 计算：

对水泥混凝土用砂，按式(7-21)计算细度模数，准确至0.01。

$$M_x = \frac{(A_{0.15} + A_{0.3} + A_{0.6} + A_{1.18} + A_{2.36}) - 5A_{4.75}}{100 - A_{4.75}} \tag{7-21}$$

式中：M_x——砂的细度模数；

$A_{0.15}$，$A_{0.3}$，…，$A_{4.75}$——0.15 mm，0.3 mm，…，4.75 mm各筛上的累计筛余百分率，%。

(5)绘制级配曲线。

7.9.5　注意事项

(1)每次筛分应进行两次平行试验，以试验结果的算术平均值作为测定值。如两次试验所得的细度模数之差大于0.2，应重新试验。

(2)此记录表与级配曲线图应根据水泥砼用砂填写各自的筛孔尺寸及采用的筛分参数并计算细度模数。

7.10　粗集料及集料混合料的筛分试验(干筛法)

7.10.1　试验目的

(1)测定粗集料(碎石、砾石、矿渣)的颗粒组成。

(2)本方法也适用于同时含有粗集料、细集料、矿粉的集料混合料筛分试验，如未筛碎石、级配碎石、无机结合料稳定基层材料、沥青拌和的冷材结合料、热料仓材料、沥青混合料经溶剂提抽后的矿料等。

(3)为水泥砼配合比设计提供依据。

7.10.2 仪器设备

(1)试验筛：根据需要选用规定的标准筛。

(2)天平或台秤：感量不大于试样质量的0.1%。

(3)烘箱：能控温在(105 ±5)℃。

(4)其他：盘子、铲子、毛刷等。

7.10.3 试验步骤

(1)将来料用四分法缩分至表7-8要求的试样所需量，风干后备用。根据需要，可按要求的集料最大粒径的筛孔尺寸过筛，除去超粒径部分颗粒后，再进行筛分。

表7-8 筛分用的试样质量

公称最大粒径(mm)	75	63	37.5	31.5	26.5	19	16	9.5	4.75
试样质量不少于(kg)	10	8	5	4	2.5	2	1	1	0.5

(2)将试样一份置于(105 ±5)℃烘箱中烘干至恒重，称取干燥集料试样的总质量(m_0)，准确至0.1%。

(3)将搪瓷盘作筛分容器，按筛孔大小排列顺序逐个将集料过筛，人工筛分时，需使集料在筛面上同时有水平方向及上下方向的不停顿的运动，使小于筛孔的集料通过筛孔，直至1 min内通过筛孔的质量小于筛上残余量的0.1%为止。采用摇筛机筛分后，应该逐个由人工补筛。将筛出通过的颗粒并入下一号筛，和下一号筛中的试样一起过筛，顺序进行，直至各号筛全部筛完为止。以确认1 min内通过筛孔的质量确实小于筛上残余量的0.1%。

(4)如果某个筛上的集料过多，影响筛分作业时，可以分两次筛分。当筛余颗粒的粒径大于19 mm时，筛余过程中允许用手指轻轻拨动颗粒，但不得逐粒塞过筛孔。

(5)称取每个筛上的筛余量，准确至总质量的0.1%。各筛分计筛余量及筛底存量的总和与筛分前试样的总质量 m_0 相比，其相差不得超过0.5%。

7.10.4 结果整理

(1)分计筛余百分率 a_i。

$$a_i = \frac{m_i}{m_0} \times 100\% \quad (7-22)$$

式中：a_i——各号筛上的分计筛余百分率，%；

m_0——用于干筛的干燥集料总质量，g；

m_i——各号筛上的分计筛余质量，g。

(2)累计筛余百分率 A_i。

各号筛的累计筛余百分率为该号筛及大于该号筛的各号筛的分计筛分百分率之和，准确至0.1%。

(3)质量通过百分率 P_i。

各号筛的质量通过百分率等于100减去该号筛累计筛余百分率，准确至0.1%。

(4)根据需要，绘制筛分曲线。

7.10.5　注意事项

(1)如果某个筛上的集料过多，影响筛分作业时，可以分两次筛分。

(2)当筛余颗粒的粒径大于19 mm时，筛分过程中允许用手指轻轻拨动颗粒，但不得逐颗塞过筛孔。

(3)对于沥青路面用粗集料的筛分必须采用水洗法进行。

7.11　粗集料针片状颗粒含量试验

7.11.1　目的与适用范围

(1)本方法适用于测定水泥混凝土使用的5 mm以上的粗集料的针状及片状颗粒含量，以百分率计。本方法测定的针片状颗粒，是指利用专用的规准仪测定的粗集料颗粒的最小厚度(或直径)方向与最大长度(或宽度)方向的尺寸之比小于一定比例的颗粒。本方法测定的粗集料中针片状颗粒的含量，可用于评价集料的形状和抗压碎的能力，以评定其在工程中的适用性。

(2)仪具与材料，水泥混凝土集料片状规准仪和针状规准仪尺寸应符合表7－9的要求。

表7－9　水泥混凝土集料针、片状颗粒试验的粒级划分及其相应的规准仪孔宽或间距

粒级(圆孔筛)(mm)	5～10	10～16	16～20	20～25	25～31.5	31.5～40
针状规准仪上相对应的立柱之间的间距宽(mm)	18(B_1)	31.2(B_2)	43.2(B_3)	54(B_4)	67.8(B_5)	85.8(B_6)
片状规准仪上相对应的孔宽(mm)	3(A_1)	5.2(A_2)	7.2(A_3)	9(A_4)	11.3(A_5)	14.3(A_6)

天平或台秤：感量不大于称量值的0.1%。

标准筛：孔径分别为5 mm、10 mm、16 mm、20 mm、25 mm、31.5 mm、40 mm的圆孔筛，根据需要选用。

(3)试验准备。

将来样在室内风干至表面干燥，并用四分法缩分至满足表7－10规定的质量，称量(m_0)，然后筛分成表7－10所规定的粒级备用。

表7-10 针、片状试验所需的试样最小质量

公称最大粒径(mm)	10	16	20	25	31.5	40	63	80
试样最小质量(kg)	0.3	1	2	3	5	10	—	—

(4)试验步骤。

按表7-10所规定的粒级用规准仪逐粒对试样进行鉴定，凡颗粒长度大于针状规准仪上相应间距者，为针状颗粒，厚度小于片状规准仪上相应孔宽者，为片状颗粒。称量由各粒级挑出的针状和片状颗粒的总量(m_1)。碎石或砾石中针、片状颗粒含量按式(7-23)计算，准确至0.1%。

$$Q_e = m_1/m_0 \times 100\% \tag{7-23}$$

式中：Q_e——试样的针、片状颗粒含量，%；

m_1——试样中所含针、片状颗粒的总质量，g；

m_0——试样总质量，g。

7.11.2 沥青路面用粗集料针片状颗粒含量试验(游标卡尺法)

(1)目的与适用范围。

本方法适用于测定除水泥混凝土外的沥青混合料、各种基层、底基层的4.75 mm以上的粗集料的针状及片状颗粒含量，以百分率计。本方法测定的针片状颗粒，是指用游标卡尺测定的粗集料颗粒的最小厚度(或直径)方向与最大长度(或宽度)方向的尺寸之比小于1∶3的颗粒，有特殊要求采用其他比例时，应在试验报告中注明。本方法测定的粗集料中针片状颗粒的含量，可用于评价集料的形状和抗压碎的能力，以评定其在工程中的适用性。

(2)仪具与材料。

标准筛：方孔筛4.75 mm。

游标卡尺：精密度为0.1 mm。

天平：感量不大于1 g。

(3)试验步骤。

按现行集料随机取样的方法，采集集料试样，按四分法原理选取1 kg左右的试样。对每一种规格的粗集料，应按照不同的公称粒径，分别取样检验。

用4.75 mm标准筛将试样过筛，取筛上部分供试验用，称取试样的总质量m_0，准确至1 g，试样数量应不少于800 g，并不少于100颗。将试样平摊于桌面上，首先用目测挑出接近立方体的符合要求的颗粒，剩下可能属于针状和片状的颗粒。

将欲测量的颗粒放在桌面上成一稳定的状态，颗粒平面方向的尺寸$l>b$，用卡尺逐颗测量石料的长度l，宽度b及厚度t，将$l/t>=3$的颗粒(即长度方向与厚度方向的尺寸之比大于3的颗粒)分别挑出作为针片状颗粒，称取针片状颗粒的质量m_1，准确至1 g。

(4)计算。

按公式(7-24)计算针片状颗粒含量。

$$Q_e = m_1/m_0 \times 100\% \tag{7-24}$$

式中：Q_e——针片状颗粒含量，%；

m_0——试验用的集料总质量，g；

m_1——针片状颗粒的质量，g。

(5)报告。

试验要平行测定两次，如两次结果之差小于平均值的 20%，取平均值为试验值；如大于或等于 20%，应追加测定一次，取三次结果的平均值为测定值。

试验报告应报告集料的种类、产地、岩石名称、用途。

参考文献

[1] 公路土工试验规程(JTG E40—2007). 北京：人民交通出版社, 2007.
[2] 公路工程沥青及沥青混合料试验规程(JTG E20—2011). 北京：人民交通出版社, 2011.
[3] 公路工程水泥及水泥混凝土试验规程(JTG E30—2005). 北京：人民交通出版社, 2005.
[4] 公路工程质量检验评定标准(JTG F80/1—2012). 北京：人民交通出版社, 2012.
[5] 公路土工合成材料试验规程(JTG E50—2006). 北京：人民交通出版社, 2006.
[6] 公路路基路面现场测试规程(JTG E60—2008). 北京：人民交通出版社, 2008.
[7] 公路工程无机结合料稳定材料试验规程(JTG E51—2009). 北京：人民交通出版社, 2009.
[8] 公路工程集料试验规程(JTG E42—2005). 北京：人民交通出版社, 2005.
[9] 公路水泥混凝土路面施工技术规范 (JTG F30—2003). 北京：人民交通出版社, 2003.
[10] 公路路基施工技术规范(JTG F10—2006). 北京：人民交通出版社, 2006.
[11] 公路沥青路面施工技术规范 (JTG F40—2004). 北京：人民交通出版社, 2004.
[12] 公路工程岩石试验规程(JTG E41—2005). 北京：人民交通出版社, 2005.
[13] 公路路面基层施工技术规范 (JTJ 034—2000. 北京：人民交通出版社, 2000.
[14] 公路设计手册(线路、路基、路面). 人民交通出版社(第3版).
[15] 公路工程技术标准(JTG B01—2014). 北京：人民交通出版社, 2014.
[16] 公路路基设计规范(JTG D30—2004). 北京：人民交通出版社, 2004.
[17] 公路混凝土路面设计规范(JTGD40—2011). 北京：人民交通出版社, 2011.
[18] 公路沥青路面设计规范(JTJ014—2007). 北京：人民交通出版社, 2007.
[19] 刘小明, 吴昊. 路基路面实验. 武汉：武汉大学出版社, 2014.
[20] 张美珍. 公路工程试验与检测. 北京：人民交通出版社, 2003.
[21] 乔志琴. 公路工程试验检测. 北京：人民交通出版社, 2007.
[22] 邓德华. 土木工程材料. 北京:中国铁道出版社, 2010.
[23] 伍勇华, 房志勇. 土木工程材料测试原理与技术. 北京：中国建材工业出版社, 2010.
[24] 安明喆, 张桦. 土木工程材料试验教程. 北京：中国科学技术出版社, 2010.
[25] 钱士强. 材料试验. 上海：上海交通大学出版社, 2007.
[26] 北京土木建筑学会. 建筑材料试验手册. 北京：冶金工业出版社,2006.
[27] 张金升. 沥青材料. 北京：化学工业出版社, 2009.
[28] 吴中伟, 廉慧珍. 高性能混凝土. 北京：中国铁道出版社, 1999.
[29] Mario Collepardi, Silvia Collepardi, Roberto Troli. 混凝土配合比设计. 刘数华,李家正译. 北京：中国建材出版社, 2009.
[30]《普通混凝土长期性能和耐久性能试验方法标准》(GB/T 50082—2009)